まるごとわかる

タマゴ読本

渡邊乾二《わたなべ・けんじ》
農学博士・岐阜大学名誉教授

農文協

はじめに――たかが卵、されど卵

皆さんは卵が好きですか。かつては人生五十年、それがいまや人生百年の時代です。皆さんは何を食べてこの長い人生を生き、人生を全うしますか。

卵の凄さは、毎日食べても飽きない素材であることでしょう。しかしながら、あまりにも素材として身近すぎて、卵は空気のような存在となっています。

とはいえ、食べることは生きること。おいしいと感じることは「生きる力」となり、卵はまさにその満足感を味わわせてくれる素材です。しかも卵は良質なタンパク質と脂質の供給源となり、安くて体にもよく、さらには簡単に調理できて冷蔵庫で長く保存もできるすぐれもの。多くの人たちが毎日習慣的に朝食に食べている卵が、実は皆さんの活力と健康を守っているのです。

小さな食材の、たかが卵ですが、日本の社会や文化、日本人の生活にされど卵のバタフライ効果をもたらしてきたことも確かです。本書では、このような卵のされどを切り口に、社会・文化・科学の面から卵の世界をのぞいてみました。

日本人は宗教（神道、仏教など）や国策の影響を受け、卵の摂取にためらいを感じながらも、古くから細々と食べてきました。したがって卵の食文化というほどの伝統もないなかで、室町時代に南蛮貿易を通じて流入してきた外来文化はまさにカルチャーショックといえ、そこで、改めて食材としての卵に出会いました。

江戸時代は卵が料理の花形的存在となり、料理書『卵百珍』なども編まれました。その後、明治維新から第二次世界大戦後にかけて新たに外来文化の影響を大きく受けながら、卵料理は室町時代の南蛮風・中華風のイメージを脱して、和風化し、和食の食材として広く使われるようになってきました。さらに菓子類・加工品の素材としても使用され、脇役ながら日本の食文化をつくり上げてきたといえるでしょう。

本書では、全体を5つの章に分け、それぞれ「食卓からみた卵」「歴史からみた卵」「栄養・健康機能からみた卵」「素材性からみた卵」「将来性からみた卵」という視点でまとめています。

卵の卵白と卵黄は調理・加工により自在に変化し、おいしさをもたらします。さらにほかの食品素材にはみられないユニークな栄養・健康機能もあります。これらが、日本人の世界トップクラスの長寿を支えてきたともいえます。

また卵の品質を高め、個人個人の要望に合わせて機能性などを調整した「デザイナーエッグ」や新たな加工品の開発や生産も始まっています。卵は経済性や生産性、食品的な価値、また宗教上のタブーの少なさからみても、今後は日本のみならず世界の食生活を支えていく主要な食料源になることは間違いありません。

一方で解決しなければならない課題も少なくありません。日本国内の課題に限定すれば、まずは国産の種鶏の開発、国内での自給飼料の生産、それに世界的な潮流となっている動物福祉の考え方の浸透でしょう。さらには、専門家筋の間ではほぼ解決をみている卵黄コレステロールの問題に対する一般の人々の誤解を解くことや、卵白アレルギーや鳥インフルエンザウイルス問題の克服、卵価格の安定化の問題などです。

長年、大学で食品科学の面から卵について研究をしてきた私にとっては、卵のすばらしさと魅力を伝えていくことが責務だと思っています。本書では自分の専門分野をベースに科学的な裏付けとなる情報をできる限り網羅し、さらにその周辺の領域に切り込みながら卵のすばらしさが多面的に伝わるようにまとめたつもりです。少しでも多くの皆さんにお目通しいただき、読後にされど卵と思っていただければ幸いです。

最後になりますが、本書の執筆にあたって、多くの著作物を参考にし、またそのなかから一部図表を引用させていただきました。ここに深く謝意を表します。

渡邊　乾二

目次

本文イラスト＝岩間みどり

第1章

日本人はなぜ卵かけごはんが好きなのか？

――食卓からみた卵

1 生卵食は江戸時代に始まった

薬だった江戸時代の卵

江戸時代前期の古川柳に、とても貴重な句が残されています。吉原の遊郭を詠んだものです。

「吉原を四方に歩く玉子売り」

「生玉子北極ほどな穴を開け」

当時、吉原では夜の見世開きと同時に、卵売りと鮨売りがやってきて、精がつく食べものとして生卵と茹で卵を売り、客はもちろん、遊女たちもそれらを買い求めたそうです。後者の句からは、生卵のてっぺんにかんざしなどで、地上からみえる北極星の大きさほどの小さな穴を開け、直接中身を吸いとった情景を読み取ることができます。むろん遊郭のみならず、街にも売り歩きました。

ほかにも、「生玉子いで呑むという時の事」「提灯の骨接きをする生鶏卵」というような句もあり、生卵が当時、強精効果の高い「薬食一如」の食べものとされていた様子がわかります。卵は栄養の宝庫なので、当時の貧弱な食生活のなかでは珍重されたことでしょう（鈴木 1994年、明坂 1996年、永山 2014年、森 2015年）。遊里ではそのまますぐに食べられる茹で卵のほかに、生卵から卵酒もつくっていたのかもしれません。この卵酒とは、卵を入れたお酒のことですが、江戸時代の『本朝食鑑』（江戸中期の日本の食物全般の解説書、人見 1976年）では、「精を益し気を壮にし、脾胃を調ふ」とその効果を述べています。「玉子酒扨（さて）うつくしき夫婦仲」という回春効果の句もあります。

石毛直道氏（国立民族学博物館・元館長）によると、ヨーロッパや中国の料理に関する観念は、「料理とはそのままでは食べられないものに対して、人間が技術を駆使して食用可能なものに変化させる行為である」とされる一方、伝統的な日本料理に関する観念では、「人工的技術は最小限にとどめ、なるべく自然にちかい状態で食べるべき」とされているといいます。

こうした「料理をしない料理」の代表が刺身です。切ることを料理技術とした刺身が江戸時代に江戸の地で一気に花開きました。鮮度のよい魚介類が江戸前の海で獲れ、さらに房州（千葉県）で醸造される醤油の手に入りやすい立地にある江戸で発達したのは当然といえます。醤油の普及は、生の魚と飯をその場で合わせて醤油をつけて食す料理「握り鮨」につながりました（石毛 2015年）。

このような背景があって、江戸時代に刺身と同じように卵を生で食べる食文化が生み出され、世界的にも珍しい卵かけごはんという食べ方ができあがったといえるでしょう。

醤油で溶いた生卵を酒の肴に

江戸時代の卵類の調理法を詳しく調べた調査結果（表1―1）によると、10種の料理書のうち生卵を扱ったのは1件のみですが、調理のうちの一つとして位置づけられています。

江戸時代後期に生卵を食べていたという記述を、森誠氏（静岡大学名誉教授）が『木曽路名所図会』（1805年）のなかに見出しています。その巻4に、茨城県霞ヶ浦の常陸麻生で、「酒をすすめ饗しける。肴には鶏卵を出して其座にて破り、豆油（しやうゆ）を少しさして出す。上方にてはせぬことにて、又めずらし」とあります。

この記述からは、生卵に醤油をかけて混ぜ合わせたものを肴として少しずつなめながら酒を飲むという姿が目に浮かびます。その後の小城鍋島藩『御次日記』（1838年）にも、客人に出された献立のなかに「御丼　生玉子」とあります。

江戸時代に生まれた卵かけごはん

卵かけごはんは調理というほどの手間もいらず、簡便に食される利点も見逃すことはできません。江戸中期の料理書『素人庖丁』（1805年）には、表1―1にはありませんが、すでに現在の卵かけごはんに近いと思われる献立が載っています。釜で炊いたごはんに溶いた卵をかけたごはんです。

さらに、卵の白粥では、昆布のだし汁で炊いた白粥に卵をよく溶いて、粥の中へ流しこみます。釜にふたをして、しばらくしてから器によそって出します。半熟の卵かけごはんですが放置時間によっては生に近い卵かけごはんになります。

こうしたバリエーションのある調理法によって、卵かけごはんは日本特有の食文化として生まれました。料理人が工夫してつくり出したものを、当時の貴族などが食べたのが卵かけごはんの始まりではないでしょうか。

一方、江戸時代の中期（1700年頃）に、白米飯の常食が定着して、炊きたてのごはんに納豆をかけて食

卵類の調理法の種類　（江間 2013年）

伊呂波	早指南	素人	料理通	古今
				生玉こ
			むらくも汁	二の汁
ふわふわ玉子	玉子ふわふわ 包たまご ふり玉子 雀の玉子葛かけ煮		くも煮卵 茹で卵	ふわふわ玉子 袋玉こ 丸煮
	錦糸玉子 かすてら焼	薄焼き 鴨玉子焼	錦糸卵 かすてら卵	丸焼 貝焼き料理
	更紗玉子	茶碗蒸 （鰻・穴子）	卵蒸し焼 卵豆腐 二色卵	むし玉こ
玉子索麺 玉子白身ざくざく 玉子半弁	牡丹たまご 糸切り玉子 玉子酒	玉子酢	卵そうめん 中華卵 鶏卵巻き かまぼこ	塩玉こ 花玉こ つぶし玉こ

卓袱（卓袱会席趣向帳）、伊呂波（料理伊呂波包丁）、早指南（料理早指南）、素人（素人庖丁）、

べる習慣が生まれています。これに合わせて生卵をごはんにかける料理が庶民にも広がりはじめたのでしょう。江戸には体力の必要なひとり者の職人が多く、簡便で、栄養のある料理品が必要でした。

卵の味を楽しむためには、まず産卵後時間が経っていない新鮮な卵を用いること。そして、適度に溶いて熱いごはんにかけ、最低限の味付けとして醤油を入れて混ぜ合わせます。これだけで主食とおかずが一体となった日本的な食べものとなります。このようにして、卵は一汁一菜（または二、三菜）の一品として和食化したのです。米、醤油、卵が一体となった卵かけごはんは、表1−1に記載されるほど日常化はしていませんが、日本人の好む日本の味として、江戸時代に食べはじめ、とくに明治以降に定着したのです。

生卵を詠んだ川柳に、「生玉子醤油の雲にきみの月」という名句もあります。卵の黄身は満月で、その上にかけた醤油はまるで雲のようだと、小さなごはん茶碗の中にみえた風景を詠んだものです。これをごはんにかけた

表1－1　江戸時代の

江戸時代の料理書[1]	物語	江戸	綱目	歌仙	卓袱
生					
汁				雪玉子汁	
煮物	玉子ふわふわ 丸に	卵ふわふわ ひしぎ卵 袋卵・包卵	ふわふわ卵 うきうき煮	玉子ふわふわ 玉子とじ	玉子ふわふわ
焼物		煎餅卵 卵貝焼	卵貝焼	せん玉子	玉子柚焼
蒸し物		蒸し卵			
その他	玉子素麺 ねり酒	卵はんぺん			

注　1）物語（料理物語）、江戸（江戸料理集）、綱目（料理綱目調味料）、歌仙（歌仙の組紐）、料理通（江戸流行料理通）、古今（古今料理集）

という状況と解釈すれば、卵かけごはんの名句となります。

　では、なぜ日本特有の生卵の食文化が生まれ、定着したのでしょうか。小泉武夫氏（東京農業大学名誉教授）が指摘しているように、日本には元来、納豆やとろろ、モロヘイヤ、ウナギなどのようにヌルヌル、ネバネバした食べものを好む和食文化があります。卵の場合でも卵白のネバネバが共通しています。前述したように、日本人の主食のごはんをどのようにさらにおいしく食べるかの工夫が、このネバネバの生卵を使った卵かけごはんとなったのです。まさに、ここに卵かけごはんの原点があるといっても過言ではないでしょう。

卵かけごはんを食べて討入りに

　生卵に関する記録として、大石内蔵助《おおいしくらのすけ》をめぐる小説『おれの足音』のなかで、池波正太郎は次のように描写しています。

　いよいよ吉良邸へ討入りする当日、赤穂浪士たちは「堀部弥兵衛宅へあつまった（17

図1−1　間鴨入り生卵のぶっかけ飯
（池波 2003 年、イラスト 矢吹申彦）

02年12月14日、新暦では1703年1月20日＝筆者注）。大石内蔵助と主税の父子があらわれたのは夕暮れすこし前だった。（中略）堀部安兵衛の親友で、学名高い細井広沢《こうたく》が、生卵をたくさん抱えて激励にあらわれた」というのです（池波 1977年）。

内蔵助をはじめ一同は、何よりも鴨肉入り生卵をかけた温かいごはんを大よろこびで食べたといいます（図1−1）。池波は、「現代《いま》から約三百年ほど前の日本人が、生卵をこのようにして食べていたことがわかったのも、私が時代小説を書きはじめてからのことだ」と書き記しています（池波 1983年・2003年）。

しかしながら、この逸話を裏付ける資料や出典は実のところ不明で、当夜、全員でなくても両国のそば屋でそばを肴にして最後の宴を開いたという説もあります。もしかすると親子丼好きの池波個人の気持ちで、討入り直前の大石らに卵かけごはんを食べさせたのかもしれません（サライ 2015年6月号）。

とはいえ、当時は生卵が活気をもたらす強壮剤として食べられていたことが伝わるとともに、話の展開から討入り前に食べるにふさわしい食材として、池波に書かしめた卵の凄さを改めて感じさせてくれます。

2　生卵の食文化はどこから来た？

食の嗜好は所属文化によって決まる

周達生《しゅうたっせい》氏（国立民族学博物館名誉教授）は「文化としての食とその変容」（『世界の食文化 2 中国』）のなかで、「文化あるいはその一側面の食文化は、民族や社会によって異なる価値の体系であって、学問や芸術の香りがするものだけが文化なのではない」と述べています。

生卵を食べるか食べないかは、所属する食文化の違いにすぎません。後述するように、ベトナム、フィリピン、タイ、ラオス、中国などでは、ヒヨコになりかけの卵を好みます。どちらが良い悪いということではなく、どちらも食文化なのです。

幼い頃からの食生活上の習慣が食文化の体系をつくり上げます。外国人が日本にやってきて定住すると、鮨や刺身については慣れの問題ではなくて、純粋においしいと感じる方が多いようです。しかし、日本に定住してすでに十数年たった外国人でも、卵かけごはんの生卵には馴染めないとよく聞きます。

卵からみたベトナムと日本の食文化の違い

サンケイ新聞（現・産経新聞）サイゴン特派員として勤務し、ベトナム人を妻としたジャーナリストの近藤紘一氏は、『サイゴンから来た妻と娘』のなかで次のような興味深い記述を残しています。

「日本の食べものの中で、どうしても妻の手に負えないものも幾つかある。〔中略〕生卵にも手を出そうとはしない。卵を生で食べる習慣も日本独特のものかもしれない。私はむろん生卵が好きだ。夜中に腹が減ると納豆と生卵で一杯かき込むことがよくある。妻は身震いしながら見ている。そして、『ああ、とんでもない野蛮人と結婚してしまった』と、嘆く。そのくせ、彼女自身は、『ビトロン』（ホビロン）と称する、途方もない食べ物が大好物なのだ。孵化《ふか》1週間ぐらい前のアヒルの卵を殻ごとセイロで蒸したものである。はじめてサイゴンですすめられたとき、半熟卵かと思って何気なくサジで割った。なかば固形化し、なかばまだドロドロのヒナがニュッと顔を出したので、椅子から転げ落ちんばかりに驚いた。〔中略〕卵の中のヒナというのは、上半身から形が整っていくらしい。だから、てっぺんを割ると必ず、恨めしげに半眼を閉じた顔が出てくるのだが、孵化3日前ぐらいになると顔だけでなく、羽根も蹴爪《けづめ》もほとんど生えそろっている。〔中略〕とくに底にたまった透明の純正スープには、人工の味付けでは得られないコクと風味がある」。

卵を通してアジア人同士の食習慣や食文化の違いが読み取れるおもしろい記述です。

ベトナム人がホビロンを好んでも、生卵を好まない要因は何でしょうか。おそらく生そのものであること、さらに卵のもつ特有な生臭さや食感、安全性などでしょう。

逆に、日本人は気持ちの悪さからかホビロンを受け入れてきませんでした。食べることは本人の嗜好に加えて、生活する地域の習慣や文化の影響が大きいということです。

明治の著名人の生卵食が庶民に影響

明治10（1877）年頃、日本初の従軍記者で、のちに実業家・教育家として活躍した岸田吟香《きしだぎんこう》は、朝飯に卵かけごはんを食べ、周囲にも食べるようにすすめたといわれています（大森 2013年）。しかし、卵かけごはんを日本で初めて食べた人というよりも広めた人というのが正しいように思います。

さらに、明治の文豪である森鷗外も、卵かけごはんを愛した人でした。医学者としての鷗外は衛生学を専門としており、生ものを食することは好まなかったようですが、卵かけごはんだけは別としていました。このような立場にある方々が好んで生卵を食する食生活を送っていたことが、庶民に影響を与えたことは当然でしょう。

その様子は、食べものを食う人間の姿を克明に写し取った近代文学の俳句にもみられます。たとえば、明治時代の高浜虚子の作品に「ぬく飯に落として圓か寒卵」という句があります。「寒卵」を季語にして卵かけごはんを詠んだ句ですが、落とした黄身がまろやかで、いかにも滋養があっておいしそうです。

米主食の食生活が伸ばした鶏卵消費量

卵かけごはんというと、米の消費と関係してきます。明治の初期まで、日常的に米の飯を食べていたのは、少数の特権階級と一部の都市住民だけでした。当時、国民の大半を占めていた農民の多くは麦や雑穀をおもなカロリー源としていたのです。

ごはんが全国民の主食として位置づけられるようになったのは、昭和14（1939）年から実施された米の配給制度によります。しかし、戦後の数年間は、米を主食にした食事をすることは不可能でした。昭和25（1950）年頃になって、ようやく都市部では家庭の台所に電気炊飯器や冷蔵庫などが導入されはじめ、大衆消費社会の基礎が形成されてきました。

その流れのなかで、白米の飯に味噌汁（一汁）、1～2品のおかず（一菜または二菜）という和食の基本献立に生卵が加わってきたのは、実際のところ高度経済成長が始まる昭和30（1955）年の頃からでしょう。この頃になると食料事情も改善され、個人の米の消費量も年々増加し、昭和35（1960）年には戦前の水準にまで達しました（図1－2）。

なお、米と鶏卵消費量の推移をみると反比例の関係になりますが、これはごはんを食べる量が少なくなっているだけであり、卵かけごはんを食べる回数は増えていると思われます。

新鮮で安全である点も好まれた要因

古くから日本人が食してきたのは、米などの穀類を中心に魚介類や野菜、豆類、それに漬物と味噌汁という献立で、その内容は長い間千篇一律でした。そこに、これまでとは風味や食感の異なる卵が庶民の味として

Column

吉村昭の『漂流』にみる生卵

吉村昭の作品『漂流』に鳥の卵を生で食べた話が出てきます。

土佐の船頭・長平が乗る、米を運んでいた船は台風に遭い、漂流の果て、船員3人とともに鳥島に流れ着きます(1785年)。上陸した島にはアホウドリの群れがいて、毎年春に去って秋に戻って来るという生活をしていました。その周年の動きが、彼らの食生活に暗い影を落とすことになったのです。

9月下旬になると鳥たちは、いっせいに産卵しはじめます。その卵は長平たちにとって思いがけないご馳走になりました。彼らは卵を石で割って、中身をすすります。その味は鶏卵とまったく同じですが、量が多いため、1個をひと息で飲み込むことはできず、鳥肉にまぶしたりして口に入れることもありました。

しかし、この生活も長くは続きませんでした。冬の渡り鳥であるアホウドリは冬場しか島にいないことに気づくのです。そこで、夏場に備えてせっせと干し肉づくりに励んでは貯蔵し、水はアホウドリの卵の殻に受けて、貯めこみました。

ところが、このような食生活ではとても体がもちません。漂流後、2年も経たないうちに長平を除いて船員3人は死んでしまいました。完全にひとりになった長平は、栄養を考えて海草や魚も食べるようになり、運動にも励んだのです。その野生に生きる長平の姿には人間の凄みを感じます。

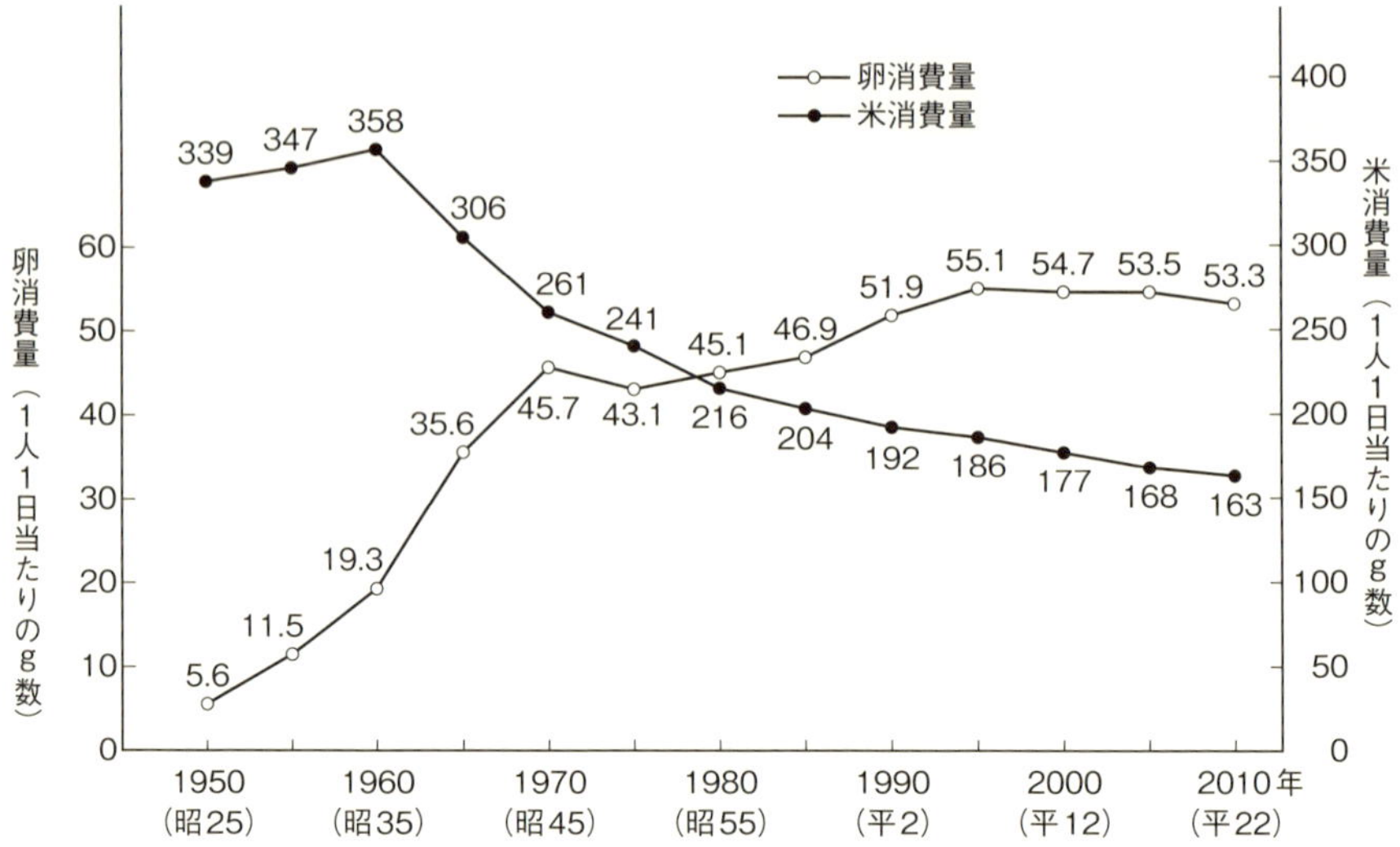

図1－2　1人1日当たりの卵と米の消費量
（農林水産省「食料需給表」より作成）

定着しはじめたのは、卵が比較的安価で手に入りやすくなってきた大正から昭和初期にかけての頃です。

日本の卵は新鮮なので、産卵後の保存がしっかりしていれば、安全に安心して食べられた点、日本人に好まれた理由の一つでしょう。しかも、日本の養鶏は大正期（1912〜1926年）に本格的に始まりましたが、昭和35（1960）年頃までは都市部でも鶏が飼われていて、朝食には新鮮な卵が食卓にのぼっていました。

作家・窪島誠一郎は、随筆「卵かけご飯」（2012年）のなかで戦後の食生活について触れ、卵に対する想いを次のように書き綴っています。

「私の家の朝食はもっぱら卵かけご飯であった。私は今でも卵かけご飯が大の好物だが、それはあの当時の卵かけご飯の味がとことん身体にしみこんでいるからでもある。あついホカホカご飯にかけても美味し、冷たいご飯にかけてもそれなりに美味、とにかく私たちは卵に足をむけて眠れない幼少時代をすごしたのである。卵かけご飯といっても、もちろんわが家では一人に1個の卵があたえられたわけではなく、親子三人で1個の卵をわけあってご飯にかけた」。

大正から昭和初期に生まれた方々ならば、このような状況はよくわかるのではないでしょうか。

日本人の3分の2は生で卵を食べる

「生卵を食べますか?」という朝日新聞の読者アンケートの結果をまとめた記事をみると、生卵を食べている人は3分の2に近く、食べ方のトップは「卵かけごはん」です（図1―3）。食べる頻度は「月数回程度」が半数程度あり、「味が好き」という理由からです。半面、食べない理由としては、「食べる習慣がない」「食中毒が怖い」「ぬるっとした感触を好まない」などとなっています。

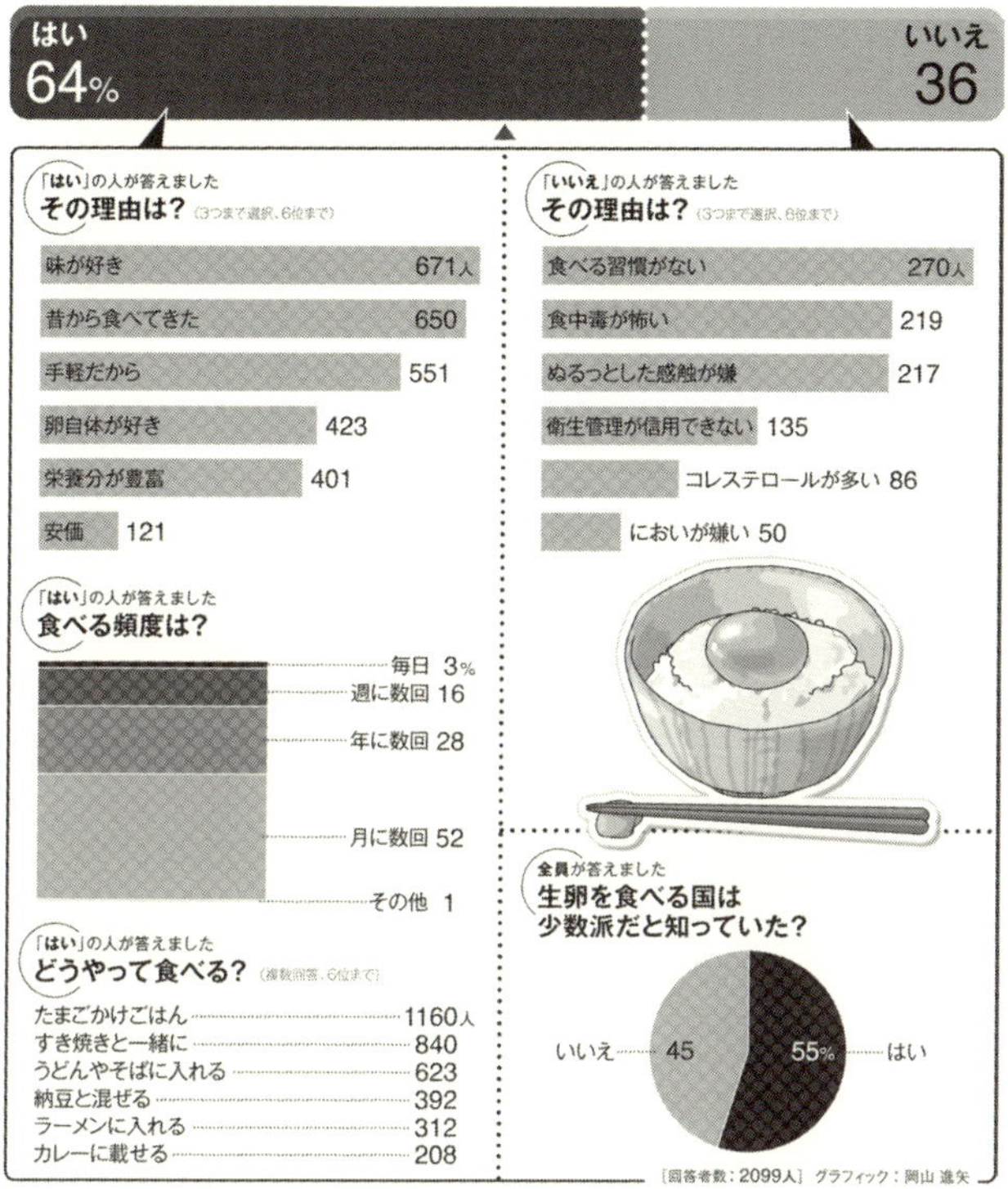

図1―3　生卵を食べますか？
（朝日新聞「平成28年5月28日付読者アンケート結果」より、朝日新聞社提供）

「食べる習慣がない」という理由が食べない理由のトップにあがることは、一面では卵を生食する文化の衰退を意味しているのでしょうか。実際、最近は日本人でも卵白のネバネバした食感やカラザ（「卵帯」といい、卵黄を殻に結びつけ、中心部に固定することで外の衝撃から守る白いゲル状のタンパク質で構成され、その中のオボムチンによる多くの健康機能をもつ）のみた目の気持ち悪さを嫌う人が多くなっていることも事実です。

日本では、生卵を食べる習慣として、卵かけごはんのほかに、砂糖醤油で煮たすき焼きを溶き卵のつけダレにつけて食べる食文化が定着しました。牛肉にしみ込んだ甘辛い味が卵のつけダレでマイルドになることから考えると、卵は味のドレスアップをする一種のソースともいえます。そのためか、生卵を食べない欧米の人でも、すき焼きに生卵という食べ方にはあまり抵抗がないようです。

3 栄養・活力源として最高の生卵

明治に生まれた活力源としての生卵信仰

仏教の不殺生の思想などの影響で長い間食することがタブーとされてきた卵ですが、明治維新以降の日本人は、逆に生卵を「栄養食品」として認め、一貫して食してきたことがうかがえます。こうした「栄養食品としての卵に対する信仰」は、上村行世（女子栄養大学・元 教授、教育史）『戦前学生の食生活事情』にもみて取ることができます。

この本によると、「明治の初め、300年の鎖国の夢から覚めて、欧米諸国の進んだ文化に接した当時の日本人は、欧米列強に大きく後れを取った原因の一つが、活力源としての食物の差にある」と認識し、そこから当時の知識層である学生たちの間に肉食に対する強い信仰とともに、「栄養食品としての卵、特に生卵に対する信仰」が生まれたといいます。

その良い例として、戦前外交官として活躍した杉村陽太郎の学生時代の生活ぶりについて語られた記述があります。「杉村君の粘りと言えば、試験勉強が有名なもので、一週間ぶっ通しの徹夜をやった。土びんに濃い茶を満たし、生卵を二ダースぐらいそばに置き、はち巻き姿で机に向かう。眠けがさすと一杯、腹がへると一つ二つがぶりとやる」（瀧沢敬一『杉村陽太郎君を憶う』明治36年より）。

また、同時期の次のような記述もあります。受験勉強中の旧制中学生に対して先輩が、「おい、玉子を十ずつ食うことを忘れるな」というと、「十は食えない」と中学生。それに対して先輩は、「いっぺんには無理だけれど、お茶代わりに飲むのさ」とアドバイスを与えています（佐々木邦『地に爪跡を残すもの』明治42年より）。このように、当時の学生は、栄養豊かな生卵を牛肉や牛乳とともに活力源とみなしていたのです。

ここぞというときは丸飲みで活力源に

生卵の効能として次のような逸話もあります。

1959年の第41回全国高校野球選手権茨城大会、球場近くの旅館に泊まった下館一高の選手たちの朝食に、普段口にすることがない生卵が出たのです。「天国のような食事で、生卵を5個飲んで力をつけた」。そのおかげで試合に勝てたと、当時投手だった宮田勲氏がなつかしく振り返っています（朝日新聞　2018年5月21日付）。

一方、生卵好きというヴァイオリニスト・千住真理子さんは、さらに徹底しています。「夏バテには生卵だ。コップに2～3個割り入れ、かき混ぜず、調味料も入れずに丸のみだ。その日一日力尽きないし、食欲がなくてもつるりと飲み込んでしまえばいい。そこまでいうと勘のいいかたは、映画ロッキーの影響かとわかる。その通り、数年前、風邪をこじらせ倒れた時、演奏も休めずキツかった。もうろうとする意識の中でロッキーのワンシーンが頭に浮かんだ。思い立ち迷わず即座に実行した」。「時間のある時には、丸のみでなく卵ご飯にする。美味しい生卵をしっかり味わえる。ほかほかのご飯をやや多めに盛って卵2つ、さらには納豆も加えてかき混ぜ、海苔で包みながら食べるのが私流だ。喉ごし良く、栄養もあり、満腹感も得られて食事時間も短縮できる」（日本経済新聞　2013年8月16日付）。

あの華麗な音色を支えていたのは、生卵のパワーであったといえるでしょう。

高栄養の生卵にも多少の欠点はある

そうはいっても、卵もいいことずくめではなく、栄養上の欠点もあります。一つ目はビタミンCと食物繊維が含まれていない点です。

これを補おうと、卵かけごはんにノリをふりかけても栄養の補給にはなりません。焼きノリ1食当たりが1g（3分の1枚）として、焼きノリから摂れるビタミンCは2・1mg、食物繊維は0・36gにすぎません。成人の1日当たりの食事摂取基準はそれぞれビタミンC100mgと食物繊維18～20g以上なので、両者ともに2%前後の補給にすぎないのです（菅野　2016年）。ノリをかけて食べるとしても、同時に野菜、豆類、海藻と果物も摂取するのが賢い食べ方といえるでしょう。

また、白米ではなく、麦飯や粟飯にしたり、納豆を加えたりするのもよいでしょう。白米を玄米にすれば、不溶性食物繊維の摂取もでき、ダイエットにも最適です。また、卵かけごはんは、高齢者などの嚥下をスムーズにすすめる食としてもピッタリです。

二つ目の欠点は、卵の卵白中にはアビジンという糖タンパク質が微量ながら含まれていることです。このタンパク質はビタミンB群の一種ビオチンと強く結合することで、食事で摂取したビオチンを無効化してしまいます。そのため、生卵白の摂取を控えるように指摘する医師もいます。そうであるならば、ビオチンを含む納豆と生卵の組み合わせはよくないことになります。

しかし、ビオチンは食品に広く分布しているとともに、腸内細菌によってもつくられますので、卵を食べたからといってビオチン欠乏症（脱毛、皮膚炎、体重減を引き起こす要因）になることはまれで、そう案ずることでもありません。

むしろ、問題はタンパク質の生体利用率のほうで、加熱された卵が91％であるのに対して、生卵では51％と低くなります。さらに加熱された卵にくらべてアレルギー発症率が高くなるのも問題だといえるでしょう。

4 安全な国産卵が生卵食を支える

産卵後すぐに始まる細菌の増殖

卵は生まれたときは無菌に近いのですが、すぐに変質が始まります。殻には1万個前後の微細な気孔があって、そこから殻内の炭酸ガスが抜けはじめます。これに伴って濃厚な卵白が徐々に水様化していきます。濃厚な卵白に包まれていた比重の軽い卵黄が浮き上がり、ついには殻についてしまい、貯蔵するほど細菌が増殖しやすくなります。

卵白には菌に対抗する抗菌性タンパク質があるうえに、菌を増やす鉄分も含まれていません。しかしながら、卵が古くなるにしたがって卵黄の鉄分が卵白に溶出し、細菌が増えやすい環境になっていくのです。

卵の安全性については、サルモネラ汚染が広く知られています。そのおもな原因菌はサルモネラ・エンテリティディス（ＳＥ菌）です。このＳＥ菌による食中毒が１９９０年代以降増えています。卵業界は低温の輸送保管などの対策をすすめ、生卵を食べられる賞味期限表示を義務化し、事件数は減りました。近年では、「生食では少し不安」などの理由から卵かけごはんを敬遠している方も多いのが実情でしょう。

こうしたサルモネラ属菌はおもに鶏の腸管にいて、産卵後の糞便などとともに卵の殻に付着することがあります（オンエッグ）。最近では、菌を保持している親鶏の卵巣や卵管を経由して菌が卵の中に付着する感染経路も知られています（インエッグ）。この場合は卵の殻を洗浄しても菌は除去できません。

鶏の汚染原因としては、日本に輸入される種鶏がまれにＳＥ菌を保菌していることがあり、このことも一要因として考えられます。そのような意味からも、安全に生卵を利用するために国産鶏を育成していくこと

Column

三島由紀夫の短編小説『卵』の意味するもの

三島由紀夫の作品に『卵』というタイトルの短編小説があります(三島 1953年)。ノンセンスな内容の話ですが、その意味するところは深いと感じさせます。あらすじは以下の通りです。

ボート部の5人組の学生が一緒に下宿に住んでいる。朝食の際、生卵を呑むのが彼らの日課である。ある晩、先輩の家でご馳走になった帰りに道に迷った5人は、卵の警官に逮捕され、数千人の卵の傍聴人が充満する卵の法廷で裁判にかけられ、死刑を申し渡される。ところが裁判所はフライパンでできており、5人はとっさにフライパンの柄の先端に駆け上がってぶらさがると、フライパンがひっくりかえって卵たちは地面にたたき落とされて割れてしまう。そこに、たまたま石油会社の油槽車が通りかかったので、黄身と白身が攪拌された卵を注ぎ込んでもらって下宿まで運んでもらった。それからというもの、彼らは毎朝卵焼きばかりを食べる羽目になった。

文学者の有田和臣氏は、三島が記述したこの作品に表現したい内容をみるのは無意味ではないとして、この作品を「卵」が象徴的な意味をもった寓意に満ちた作品であると位置づけています(有田 1998年)。

作品中で「卵」は「欧米に学ぶことによって、欧米を超える」という当時の国民的気分を濃厚に反映した象徴的な食品としています。経済の復興とともに、日本では欧州を超えるほどの卵の消費量になっており、実際に卵が欧米(の文明) を超えるための役割を果たしてきたと解説しています。

「卵」を題材にしたこの作品を通じて、三島が日本の行く先を暗示しようとしていたことが理解できるように思います。

が求められるのです。

現在、生卵として使用する卵ではSE菌のチェックが行なわれています。鶏の飼育方法や餌、水、鮮度と環境にこだわり、「卵かけごはん専用」として高い支持を得ている卵もあります。「生」は食欲をそそりますが、「生」で食べることはそう簡単ではありません。日本ではもともと生卵を食べる習慣があったからこそ、生産者と流通者の間に安全管理の意識が行きわたっているのです。

国内産の卵は賞味期限内であれば安心

日本の国内産卵は通常、厚労省の定める「衛生管理要領」に基づいて殺菌剤で洗浄するなど安全のための措置が講じられ、衛生管理対策がしっかりした鶏卵選別・包装施設（GPセンター）でパック詰めされています（図1−4）。次亜塩素酸ナトリウムによる卵の表面の殺菌などの処理により、サルモネラ汚染はほとんど認められません。

現在、市販の鶏卵には賞味期限が記載されています。賞味期限は生食するにあたっておいしさと品質が保たれる期間であり、仮に賞味期限をすぎても加熱すれば食べることはできます。

鶏卵の日付等表示マニュアル（改訂版）によると、生食できる期限は10℃で57日間、24℃で22日間としています。一般に卵の賞味期限は産卵日より夏季1週間、冬季21日を目安とするとよいでしょう。この期間は、卵が万が一、SE菌を有していても中毒が起こらない期間です。

国の基準では、賞味期限は安心して生食できる期限であり、さらに消費期限は賞味期限から1週間から10日で、保管温度は10℃以下であることが必須条件となっています。

養鶏場で生み落とされた卵は、わずか3、4日でパックに入って店頭に並んでいるほどなので新鮮です。たとえ卵の中にSE菌が存在したとしても、55℃で3分間処理すると菌数が10分の1に低下します。したがって、通常の加熱調理で十分に殺菌効果があります。

とはいえ、本当に日本の生卵は危なくないのでしょうか。表1−2をみると、日本のSE菌汚染率は他国よりも低いことがわかります。東京都健康安全研究センターによると、汚染卵を完全になくすことはむずかしく、3000個に1個程度は殻の中に菌が数個程度いることはあるものも、この程度では普通は食中毒にはならないそうです。

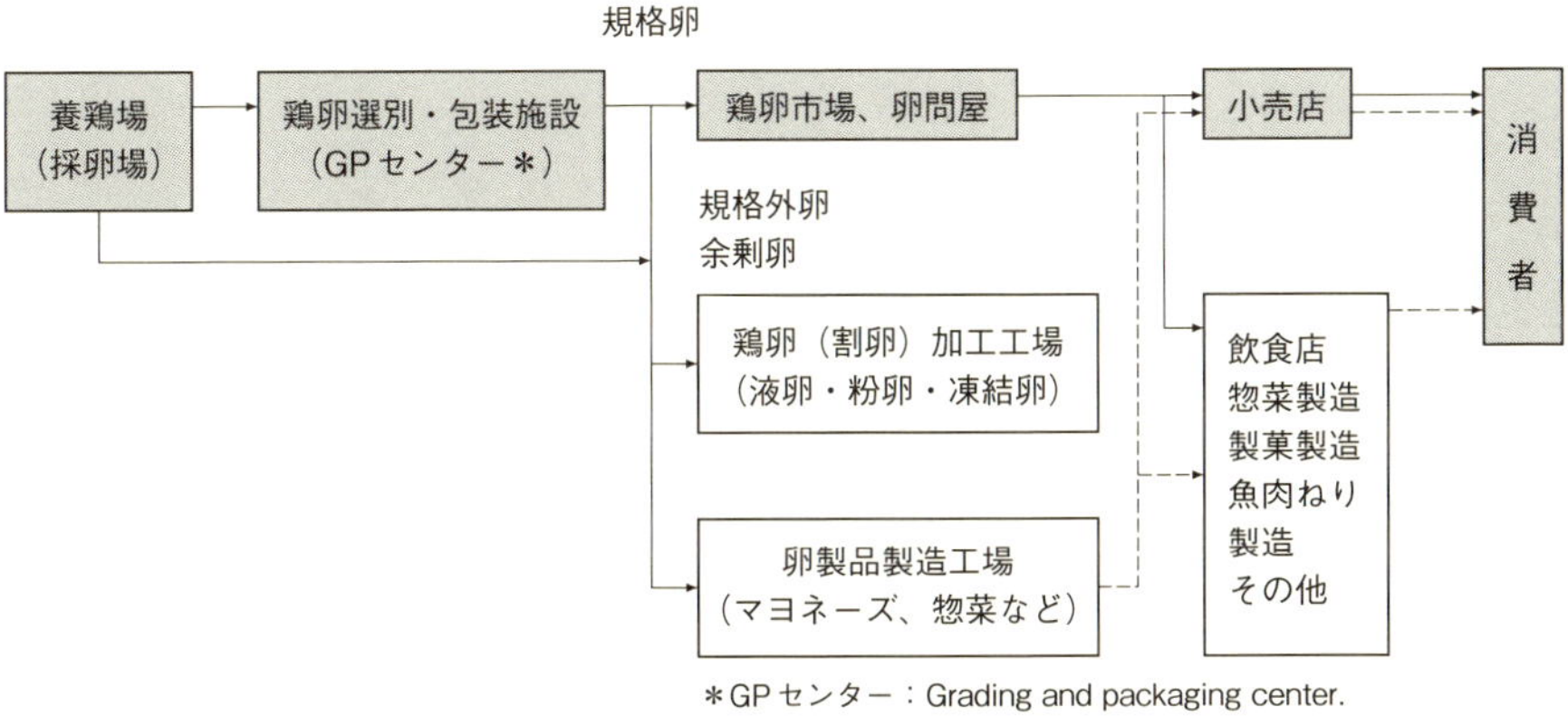

図 1－4　卵の生産・加工・流通経路の概要

（田村 2013 年）

表 1－2　GP センターなどにおける鶏卵の SE 汚染率
（田村 2013 年、タマゴ科学研究会 2016 年）

国名	検体数	SE 陽性率	%	調査年
日本	11000	2	0.02	1989
	11000	0	0.00	1989
	24000	6	0.03	1992
	3000	0	0.00	2004
オーストリア	1385	42	3.03	2006
ドイツ	795	5	0.63	2007
アイルランド	88	0	0.00	2007
イタリア	186	2	2.00	2007
スロバキア	470	5	1.06	2005
スペイン	2956	23	0.78	2006
ルーマニア	1295	2	0.15	2006
インド	492	－	6.10	1997～1998
中国	58	－	0.00	2003～2005
英国	1588	－	0.38	2008

そのため、安全に卵を食べるためには、「冷蔵保管」「期限を守る」「割ったらすぐ食べる」の3点が大切だとされます（朝日新聞 ２０１6年5月28日付）。

ここ25年ほどの間に行政機関は法規制を新たに強め、また養鶏関係者はそれに従って感染鶏の淘汰、ワクチンの導入、飼料・環境の改善に努めてきました。その結果、ようやくサルモネラ菌による食中毒が収束に向かっています。卵を安心して食べるには、行政機関や養鶏場だけでなく、割卵・加工工場や流通・小売の現場、消費者が、それぞれの役割に応じて安全性への継続的な取り組むことが必要なのです。

生卵食の普及には安全性が肝心

いまや海外からの旅行客が「生卵をお土産に」するという時代に入りました。生卵は動物検疫の対象ですが、２０１６年10月からシンガポールへは簡易な手続きにより１人30個まで携行できるようになりました（個人の場合）。２０１２年からは中部国際空港からの航空便でシンガポールに生卵を輸出しており、新たな販路拡大にと免税店での販売にも乗り出しました。

シンガポールには生卵を食べる習慣はないといわれますが、安全性が確保されているからこそできる技です。また、卵の生食習慣がない国にも生卵食の文化を伝えようとする動きがありますが、問題とされるのはやはり安全性です。

一方、米国では２０１０年にサルモネラ菌感染のために数百人が健康被害を訴え、約5億個の卵が自主回収される騒ぎがありました。続いて２０１８年４月には、サルモネラ菌感染の恐れがあるために2億個以上の卵が自主回収される事態に至りました。衛生管理が行き届いている国でも、生で食べられる卵があたり前でないのです。

サルモネラ菌は発熱や下痢、腹痛などの深刻な症状を引き起こし、とくに免疫系が弱い乳幼児や高齢者の場合には死に至ることもあります。生で食べる習慣のない米国での発症は、後述しますが、おそらく生に近い卵料理による感染ではないでしょうか。

5 生卵のおいしさを引き立てるもの

生卵のおいしさを引き立てる日本の米

ごはんと卵、そして醤油が見事に調和したとき、卵かけごはんは格別な一膳へと昇華します。ごはんに粘りがありすぎると卵がからみにくく、また風味が強すぎても卵や醤油とうまく馴染みません。米は粘りや風味、歯ざわり、のどごしの点でバランスのとれたものが最適です。数ある世界の米のなかでも、タイ米やインディカ米でもなく、やはり日本のうるち米が一番合うようです。

日本の米は、単食にもっとも適した食品で、実際米だけ食べても満足感が得られます。こうした白米の飯に、味噌汁と漬物、そして生卵が入ることによって、そのおいしさはさらに引き立つのです。昔、白米が高価であった時期には麦飯でしたが、それでも生卵を使うとそれなりのおいしさでした。

このように、米を含めてわずか3つの食材だけでつくる卵かけごはんですが、おいしいとはいえ、味が単調になりやすいのも事実です。そこで、積極的に使いたいのが薬味です。相性のいい薬味としては、ノリや刻みネギ、削り節がその代表といえるでしょう。これにさらに、梅干しを入れるとうま味が増します。

生卵のおいしさを飼料で調整する

生卵のおいしさを構成する要素の一つが、特有の粘性と舌ざわりを感じさせる卵白のタンパク質溶液です。卵白には微量のペプチドやアミノ酸を含みますが、これらはおいしさを決定づける成分ではありません。

卵黄は脂質を含んだ粒子のLDLと顆粒状の粒子であるHDLがタンパク質の水溶液に溶け込んだ乳化物です。LDLのほうが脂質の含量が多いため、おいしさにより関係しており、牛乳のおいしさ成分の脂肪球と同じような働きを行なっているのです。

LDLに含まれる脂肪やリン脂質自体には味はありませんが、タンパク質と結びつくことで調味料と相互作用してコクをつくり出しています。さらに、卵黄のゲル状の粘りも食感を向上させ、おいしさをつくり出す要因の一つともなっています。

とくに黄身のうま味やコク、色には給与される飼料の影響が大きく表われます。つまり、飼料に使う油脂が卵黄のコクを構成する脂肪酸組成に影響するのです。たとえば卵にコクを与えるといわれる魚粉を例にとると、魚粉の中の多価不飽和脂肪酸が卵黄に移行してうま味が増します。しかし、魚粉の量を多くすると、逆に魚臭が卵の臭みにつながってしまいます。また、飼料用米を給与しても脂肪酸組成が変わり、リノール酸が減少し、オレイン酸が増加してうま味が増します。

生卵の色調もおいしさを感じる大きな要因となります。一般的にはオレンジ色の濃いものが好まれる傾向があります。したがって、飼料用米を給与する養鶏農家では、卵黄の色調が淡くなってインパクトが足りないため、パプリカなどの卵黄色を濃くする色調調整材を餌に混ぜて色調調整を行なうのが一般的となっています。

一方、生卵に特有の臭みの点でいうと、卵殻が環境の臭いを吸収しやすいため、一定ではありませんが卵白には特有の臭みがあります。また、卵黄に局在するトリメチルアミンによる生臭さもあります。

6 おいしい卵かけごはんのつくり方

おいしい卵かけごはんは調味料で決まる

最近、略してTKG（Tamago Kake Gohan）とも呼ばれるほどに人気がある卵かけごはんですが、そのつくり方については十人十色、おいしく食べるための細部のこだわりをもつ方々も少なくありません。

まずは、味の決め手となるのが調味料です。お勧めは塩分濃度が高いものの、色が淡い淡口醤油。おもに関西中心に西日本で消費量の多い醤油です。東日本中心に全国的に使われる色の濃い濃口醤油よりも少量で味が付けられるため、黄身の色があまり濁らずにすみます。

近年は卵かけごはん専用醤油もいろいろと販売されるようになりました。醤油にみりん、鰹節エキス、昆布エキスなどを加えてうま味や風味をアップし、さらに色も淡めに仕上げてあるものが多いようです。

レストランでは地方色を活かした素材と卵をごはんにのせ、これに専用のめんつゆをかける料理が好評です。たとえば、愛知県でみられる「ひつまぶしの海鮮丼」に、卵とだし、薬味を入れたお茶漬けの味は天下一品です。

最近では、コンビニなどで卵かけごはん風のおにぎりが市販されています。卵白は使用せず、少量の加工卵黄ゲルに醤油ダレを和えてノリでくるんだおにぎりですが、卵かけごはんをおにぎりとして手軽に味わえる秀逸な商品といえるのではないでしょうか。

卵かけごはんの専門店が出現

卵かけごはんブームの火付け役ともいえる店があります。２００７年に兵庫県豊岡市でオープンした「但熊（たんくま）」と２００８年に岡山県久米郡美咲町（岸田吟香氏の出生地）でオープンした「食堂かめっち」です。ともに卵かけごはんを中心メニューにした定食屋です。

食堂かめっちでは、ごはんと生卵、味噌汁、たくあんのセットで一人前３５０円（２０１９年7月現在）。ごはんと卵はおかわり自由です。ここでのおすすめの食べ方は、ごはんにまず卵を割り落とし、箸でぐるぐると卵だけを混ぜ、そのあとで醤油をちょいと垂らし、ごはんとともに口に運ぶ食べ方です。

口の中で黄身のコクとごはんの甘さがマッチングし、かけ値なしにおいしくいただけます。この店には、開店後10年間で延べ72万人以上が訪れ、卵かけごはんは町の名物に育っています。

このような卵かけごはん専門食堂は全国各地に広がっていく傾向にあり、現代こそが卵かけごはんの黄金期といえるでしょう。いまや卵かけごはんも地域の特産品化するとともに、料理人の「匠の心」を表わす一品となり、日本の美食文化の一端を担っているといっても過言ではありません。「日本たまごかけごはんシンポジウム実行委員会」（島根県雲南市）は、10月30日を「たまごかけごはんの日」として、その普及に努めています。

京都や東京にある卵かけごはん専門店では、本来生卵は食べないはずの外国人が、その評判をインターネットで知り、日本を旅行中に食べにくるそうです。その安全性とおいしさを知り、ＳＮＳなどを通じて次第に外国人の間に浸透しています。これをきっかけに海外でも卵かけごはんがメニューとして食卓にのる兆しがみえています。

未知な体験に対する好奇心から始まった現象でしょうが、鮨とともに日本独自の生食文化が海外に広がるきっかけの一つになるかもしれません。

ひと手間でさらにおいしくする卵マジック

「おいしい卵かけごはんには格別においしくするひと手間が重要」と鶏卵生産会社の卵専門家の堀口絹子さんはいいます（サライ２０１５年６月号）。

まず卵白と卵黄を分け、先に卵白をアツアツのごはんの上にのせます。すると卵白のタンパク質がごはんの熱によって固まってくるため、それをよくかき混ぜて泡立たせ、ごはんのひと粒ひと粒の表面にコーティングさせます。この段階で卵黄と醤油をごはんに混ぜ入れます。

そのほかに、卵白は固めで卵黄がゲル状の半熟目玉焼きをごはんの上にのせる手法もあります。さらに、生卵白に醤油か、卵かけ用のソースを加えるとコクが出ます。これは、卵白のタンパク質に調味料からの微量成分が絡み合い、濃厚感を与えるからです。

卵白には濃厚な卵白と水様の卵白があり、それらの層には性質の異なるオボムチンという巨大な糖タンパク質が存在し、独特の舌ざわりとコクを感じさせます。

白色レグホンの一品種であるマリアの卵には、その濃厚な卵白層が多く、卵かけごはんに向いています。濃厚な卵白がしっかりしていて泡が立ちにくいものの、立った泡が安定しているという特徴があります。

最近では、醤油とみりんを混ぜた液に3〜4日漬け込んだ「醤油漬け卵黄」のおいしさに目覚める人たちが多くなっています。この卵黄を用いた卵かけごはんのおいしさは格別です。醤油とみりん由来のアミノ酸、ペプチド、糖類の味や香り、色がよいだけでなく、漬け込んでいる間に16%という食塩濃度の醤油が卵黄に浸透して成分が凝集し、舌ざわりをよくしてくれます。ごはん自体のおいしさとともに、こうしたことすべてが総合的に格別な味をつくり出しているのです。

新感覚の卵かけごはんのつくり方

はらぺこグリズリー著『世界一美味しい煮卵の作り方』というベストセラーのレシピ書が出版されました。そのなかに伝説の卵かけごはんが紹介されています。卵白、卵黄のどちらも楽しめるという、まったく新しい感覚の卵かけごはんです。

「卵1個を卵黄と卵白に分ける。卵白に醤油大さじ1、みりん小さじ1、だしの素小さじ2を加えて、ふわふわの状態になるまでミキサーにかける。これをご飯100gの上にのせ、次に卵黄をのせ完成」というものです。この場合には、卵白に味を付け、泡立たせることがポイントになっています。

これとはまったく異なり、特別な材料が必要ないシンプルな卵かけごはんが、テレビ番組「上沼恵美子のおしゃべりクッキング」で紹介されていました（朝日放送テレビ 2018年10月8日放映）。

まずは器に卵1個を割り入れてしっかり溶きます。次に茶碗にごはんをよそい、醤油を混ぜ合わせます（ごはん150g、醤油小さじ2）。そのごはんに卵をかけて混ぜれば完成です。

卵と醤油、ごはんの味の輪郭がはっきりと現われるそうです。卵に醤油を入れて溶いたあとにごはんにかけるという通常の食べ方との違いが、今回の手法では醤油のうま味や塩味をごはんにしっかりとコーティングさせていることです。

これを考えだした調理人の、「コロンブスの卵」的な知恵には驚きます。このもっとも簡単な調理をぜひお試しください。

冷凍卵を使った卵かけごはん

次に紹介するのは冷凍卵を使う方法です。冷凍卵は最近注目されはじめた料理素材で、生卵を冷凍することで卵黄の食感が濃厚になり、そのまま食べても生の卵より格段においしくなります。また、卵自体の保存期間を延ばすこともできます。

つくり方はとても簡単です。冷凍中に膨張して殻が割れてしまわないように、生卵は密封できるジップロックや容器に入れます。あとは冷凍庫で冷凍するだけです。

使う際には、凍った状態で殻をむき、40～60分自然解凍させるだけでOK。解凍すると卵白は少し水っぽくなりますが、冷凍前とほぼ変わらない状態にもどるため、ふつうに卵白として使うことができます。

一方、卵黄は熱を加えたように固まり、モチモチとした食感になります。その解凍した卵をそのまま温かいごはんの上にのせて醤油をかけるだけで、卵黄だけが半熟の卵かけごはんを味わうことができます。

卵料理にスポットをあてて味や創作力を競う「たまごニコニコ料理甲子園」（一般社団法人日本卵業協会主催）でも、この冷凍卵を使った料理が入賞しています。その料理が高橋毅さん（福岡県）の「日の出富士卵かけご飯」（２０１５年度準優勝）です。

富士山に笠雲がかかる日の出の一瞬を、卵かけごはんで表した作品です。卵２個のうち、１個は生で使い、もう１個は２日以上冷凍したものを用いています。生の全卵、冷凍卵の卵黄と卵白に分けたものを、味付けや加熱、泡立て処理により、「とろとろ」「カリカリ」「ねっとり」「ふわふわ」といったさまざまな食感を出すとともに、ノリやゆかり、白ごま、青汁を混ぜて健康感も高めています。さすがプロの仕上がりです（図１－５）。

図１－５　冷凍卵を使った
「日の出富士　卵かけご飯」
（（一社）日本卵業協会主催「たまごニコニコ料理甲子園 2015」準優勝作品／福岡県・高橋毅さん）

7 海外で出会った生卵の食文化

卵の薬剤効果をうたう中国の薬学書

中国の食の歴史をひもとくと、明代（1368〜1644年）の養生書に「卵」の項目があります。そこにはさまざまな卵の調理法が記載されていますが、卵を生食するという記述はありません。

一方、1596年に李時珍によって上梓された中国の薬学書『本草綱目』は、1607年に日本に伝わり、それ以降本草学の基本書として大きな影響力をもち、現代でも伝統薬の原典として生きつづけています。その「禽の二　鶏の部」に鶏子すなわち鶏卵の記載があり、卵白や卵黄、卵殻膜の薬としての効果が述べられています。

このなかで、生の卵白については、「心下（みぞおち）の伏熱を除き、煩満（はんま）、欬逆（がいぎゃく）、小児の下泄を止める。婦人の難産で胞衣の出ぬもの。いづれも生で呑む。醋に一夜浸すして用ゐれば、黄疸の破れて煩熱するを療ず」とされ、さらに生の卵黄については「卒かの乾嘔には、生で数個呑むが良し。小便不通にもやはり生で呑む」とされています。

以上のように、生で摂取することによる薬剤効果は明確に記述されていますが、これを日常の食として摂取するような記述はありません。

卵加工品が多い中国に生食はない

日本で卵といえば、通常は鶏の卵のことを指しますが、中国では鶏蛋（鶏）、鴨蛋（アヒル）、鵝蛋（ガチョウ）、うずら蛋（ウズラ）の4種を指します。中国では卵加工品というと、アヒルの卵が多く用いられています。

生の卵を素材として用いる加工品の例をあげると、まずもっとも代表的なのが、生のアヒル（鶏のこともある）の卵を用いた皮蛋（ピータン）です。土にモミガラ、草木灰、炭酸ナトリウムなどのアルカリ物質、食塩などを加えてよく混ぜ、水を加えて泥状にしたものを卵の表面に数ミリの厚さにまぶし、かめなどの容器に入れ、1ヵ月から1年くらい貯蔵します。

そのほか、黄泥（黄土の土）に草木灰、食塩などを混ぜ合わせた中に漬け込んだ「塩漬け卵」（シエンタン）や、炊いた米に酒と塩を混ぜて発酵させたものを殻に割れ目を入れた卵の表面に塗りつけ、4〜6ヵ月間熟成させてつくる発酵卵「糟蛋」があります。この糟蛋の場合には、茹で卵も使用しています。そのほか、生卵の白酒漬けの「上海酔蛋」（シャンハイスイタン）もあります。

このように中国に卵を用いた加工品が多いのは、中国人が習慣的に卵そのものを生では食べないことによります。

ローマ時代に卵は生食されていた

中国以外の国に目を向けてみると、生卵を利用する例をいくつかみることができます。

紀元前７５３年に建設された都市国家ローマの上流社会の食事風景も、そのうちの一つです。ローマの食事はたいてい卵で始まり、果実で終わりました。それゆえ、ラテン語には「卵からりんごまで」という言いまわしがあります。「初めから終わりまで」という意味です。

卵は茹でるか焼くほかに、生のまま殻から飲み込んで食されていました。その生卵の穴開けには、カタツムリを殻から出すのに使われる先の尖ったコクレアル（匙）が用いられていました。

ローマ人は卵の両端に穴を開けました。こうすれば、すするとき、殻がこわれないからですが、ローマ人は二つめの穴を開けるのは、卵の霊を逃がすためであると考えていました。

長い西洋の歴史のなかで生卵を食べることによる食中毒のリスクは大きく、そのため、ローマ時代には普通だった生食の習慣もいつの間にかすたれていきました。

世界各地にみる卵の生食

生卵を食べる習慣は台湾にもみられ、月見うどんやすき焼きなどを食べる際に生卵を使っている例や、かき氷のトッピングとして生の卵黄をのせる例があります。

同様に韓国では、日本でもよく知られる「ユッケ」の例があります。粗く刻んだ牛や馬の生肉を、ゴマやネギ、松の実などの薬味、また醤油やごま油、砂糖、コチュジャン、ナシの果汁などの調味料で和え、その上に生の卵黄をのせて、かき混ぜて食べる料理です。

一方、ヨーロッパでは調理済みの料理に生に近い卵をのせる例はあります。米国においても生食はありませんが、目玉焼きやポーチドエッグ（落としたまご）では黄身は生の状態に近いものが好まれるようです。

一方、イヌイットやユイットの人たち（いわゆるエスキモー）にとって、カモメやウミガラスの卵は夏の時季の重要な栄養源であり、茹で卵のほかに生で食することもあったといいます。これには調味料を使用せず、生の素材そのものの味を味わう食文化によるのでしょう。

生卵を使った世界の飲みもの

米国で出版された書物『卵の本』（シェーファー 1979年）のなかに、卵による治療法が紹介されています。20世紀のはじめ頃、いまとなっても驚くような治療法を、家庭の主婦たちがあちこちで見つけていました。

その一つが、衰弱した病人に力をつける「エッグ・ノッグ」（卵酒）です。卵黄1個と砂糖大さじ1をよくかき混ぜてクリーム状にし、これにナツメグ、ブランディ、ワインを加えます。卵白は固く泡立てて、ミルクと混ぜます。これらを全部合わせてつくります。

そのほか、口あたりをよくするためにミルクに生卵を加えた「ミルク・セーキ」や、同じくレモンジュースに生卵を加えた「エッグ・レモネード」なども紹介しています。

「エッグ・ノッグ」のバリエーションは、米国以外にもあります。たとえばベトナムでは、卵黄、加糖練乳、炭酸水でつくったミルクセーキのような甘い飲みものがあります。

また、ドイツの「アイアープンシュ」は白ワインに卵白と砂糖を混ぜ、上にバニラをのせてつくられ、寒さの厳しいクリスマスの時期には体を温めてくれる飲みものとしてよく飲まれます。同様にフランスでは卵黄を使ったカクテルの「ゴールデンフィズ」や「レッドアイ」、卵白を使ったカクテルの「グリーンフィズ」や「ピンクレディ」が濃厚さと円やかさから親しまれています。

ベトナムなどでは卵黄と砂糖と練乳を泡立たせたも

のをコーヒーに加えます。一方、フランスやイランなどでは彩りをよくし、おいしさを増すために卵黄や卵をパフェにのせることもあります。最近では日本にも、こうした飲みものの専門店がオープンしています。

　このように、日常的に使用する食品素材とまではいえませんが、栄養剤（強壮剤）や嗜好品として生卵を利用することは外国にも数多くみられるのです。

ヨーロッパでソースやデザートに使われる生卵

　ソース類においても生の全卵や卵黄が乳化されたりして用いられている例があります。

　たとえば、イタリア料理の「カルボナーラ」は、チーズクリームのパスタに生卵をソースとして混ぜたものです。

　ギリシャ料理の「エッグレモンソース」は、生の卵黄を熱い肉汁に入れて撹拌し、そこにレモンを加えます。そのほかに溶き卵をだし汁に入れてソースとしたものもあり、肉団子や詰めものをした野菜、ブドウの葉でくるんだ料理などにかけて食べます。

　美食の国フランスでは、17世紀中頃に先進的な美食家たちにより、乳化によってとろみをつけた古典的なフランス風ソースが開発されました。卵をしっかりとかき混ぜた「ビネグレットソース」のほか、生の卵黄を使ったマヨネーズソースも手づくりし、そのソースを茹で卵にかけた「ウッフマヨ」という伝統料理が有名です。そのほかにアイスクリームやシーザーサラダにも生卵が使われています。

　一方、イタリア料理でデザートは何にも勝る楽しみとされますが、そのなかでもっとも人気のあるデザートが「ティラミス」です。これは、卵白と卵黄のそれぞれ泡立てたものをワインやラム酒などと混ぜて、ビスケットの間にはさんだものです。

「ハチャプリ」はジョージア（旧グルジア）に伝わる伝統料理のチーズ入りパンです。パンのフィリング（詰めもの）として、溶かしたチーズに生の卵黄を混ぜたものが使われています。

　このように海外では、生の卵はそのものとして食べられることはないものの、料理やソース、デザートなどの材料として広く使われているのです。

卵のワンポイント Lecture

卵の構造と成分

［三つの部分からなる卵］

卵は卵白、卵黄、卵殻の三つの部分からできています。

卵白が全体の56％、卵黄が32％、残りの12％が卵殻です。卵白は卵黄を包む濃厚卵白とその周りの水様卵白に分かれ、さらに卵黄を中心部に固定させるヒモのようなカラザがついています（図1－6）。

生卵の鮮度は濃厚卵白の高さにて測定されています。

［卵白］

卵白は水分が約90％、タンパク質が約10％です。タンパク質は11種類以上で、それぞれ別個の機能をもっています。

そのうち、もっとも含有量が多いのがオボアルブミンで、385個のアミノ酸から構成され

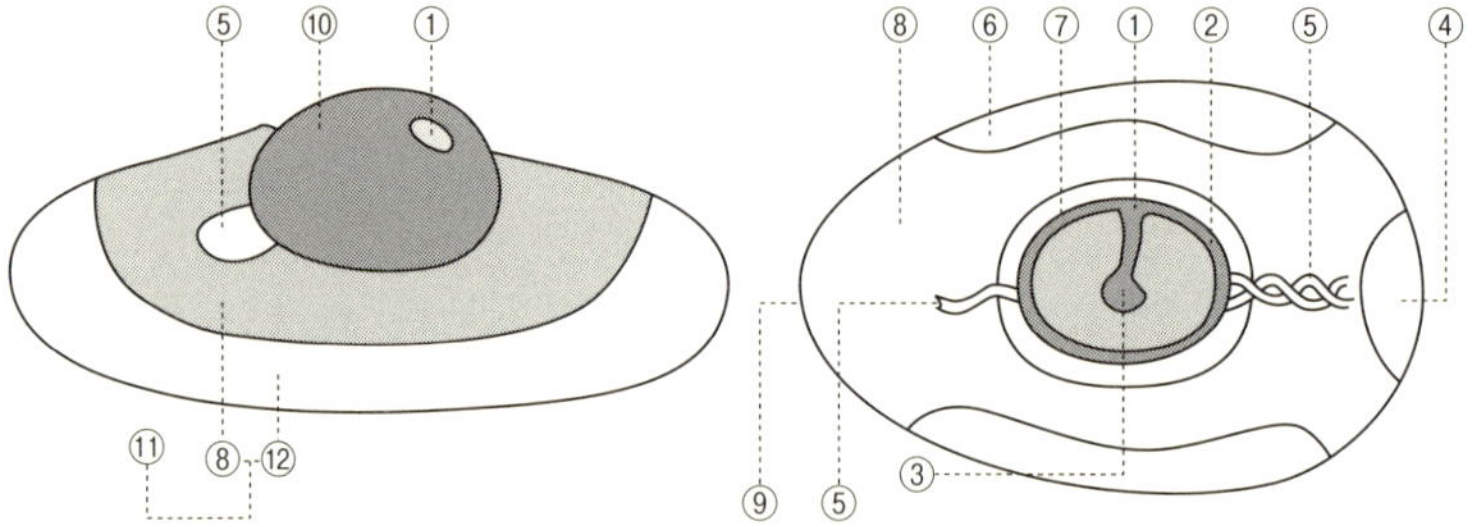

①胚盤	②卵黄膜	③ラテブラ	④気室
卵黄の表面にある白い斑点のようなもの。受精するとまず、細胞分裂がはじまる大切な部分	卵黄の周りを覆う厚さ約 10 μm（1 μm = 1/1000mm）の膜。卵白と卵黄を分離している	最初に胚が存在していた部分で、卵黄の中央にある白色卵黄とも呼ばれる。熱しても固まらない	卵殻の内側につく卵殻膜の外膜と内膜の隙間。卵の丸いほうにある。気孔から入った空気で形成
⑤カラザ	⑥外水様卵白	⑦内水様卵白	⑧濃厚卵白
卵黄を卵の中央に支えるための役割を果たす、濃厚卵白の一部。卵が新鮮だとはっきり目立つ	濃厚卵白の外側にある水様卵白。卵白の約25％を構成。割合は日数で変化する	濃厚卵白よりも内側の、卵黄と接する部分にある水様卵白。カラザと合わせて卵白の約 15％	割卵した際に、卵黄を取り囲んで盛り上がるドロッとしたゲル状の卵白。卵白の約 50 ～ 60％
⑨卵殻	⑩卵黄	⑪卵白	⑫水様卵白
卵の形を支える。主成分は炭酸カルシウム。小さな気孔と呼ばれる穴から空気を出し入れする	ヒヨコになるための栄養が詰まっている。50％が水分、35％が脂肪、15％がタンパク質	90％が水分、10％がタンパク質。卵殻から侵入してくる微生物から卵黄を守る働きもある	割卵した際に外側に広がる、サラサラした粘度の低い卵白。外水様卵白と、内水様卵白の２種

図１−６　卵の構造と成分

（暮らし上手編集部、峯木眞知子 2015 年）

ています。卵白が加熱されると凝固するのはこのオボアルブミンがおもに関係しています。さらに起泡性ももっています。

そのほか、オボトランスフェリンやオボムコイド、オボムチン、リゾチーム、アビジン、シスタチンが存在しています。オボムチンは濃厚卵白の粘性を高めている主要な糖タンパク質です。

[卵黄]

卵黄は水分約48%、タンパク質約16・5%、脂質約33・5%、炭水化物約0・4%です。このうち脂質は脂肪を主成分とし、これに複合脂質としてリン脂質が含まれています。卵黄はタンパク質であるリベチン溶液に卵黄球、顆粒(高密度リポタンパク質、HDLを含む)、低密度リポタンパク質(LDL)の集合体、

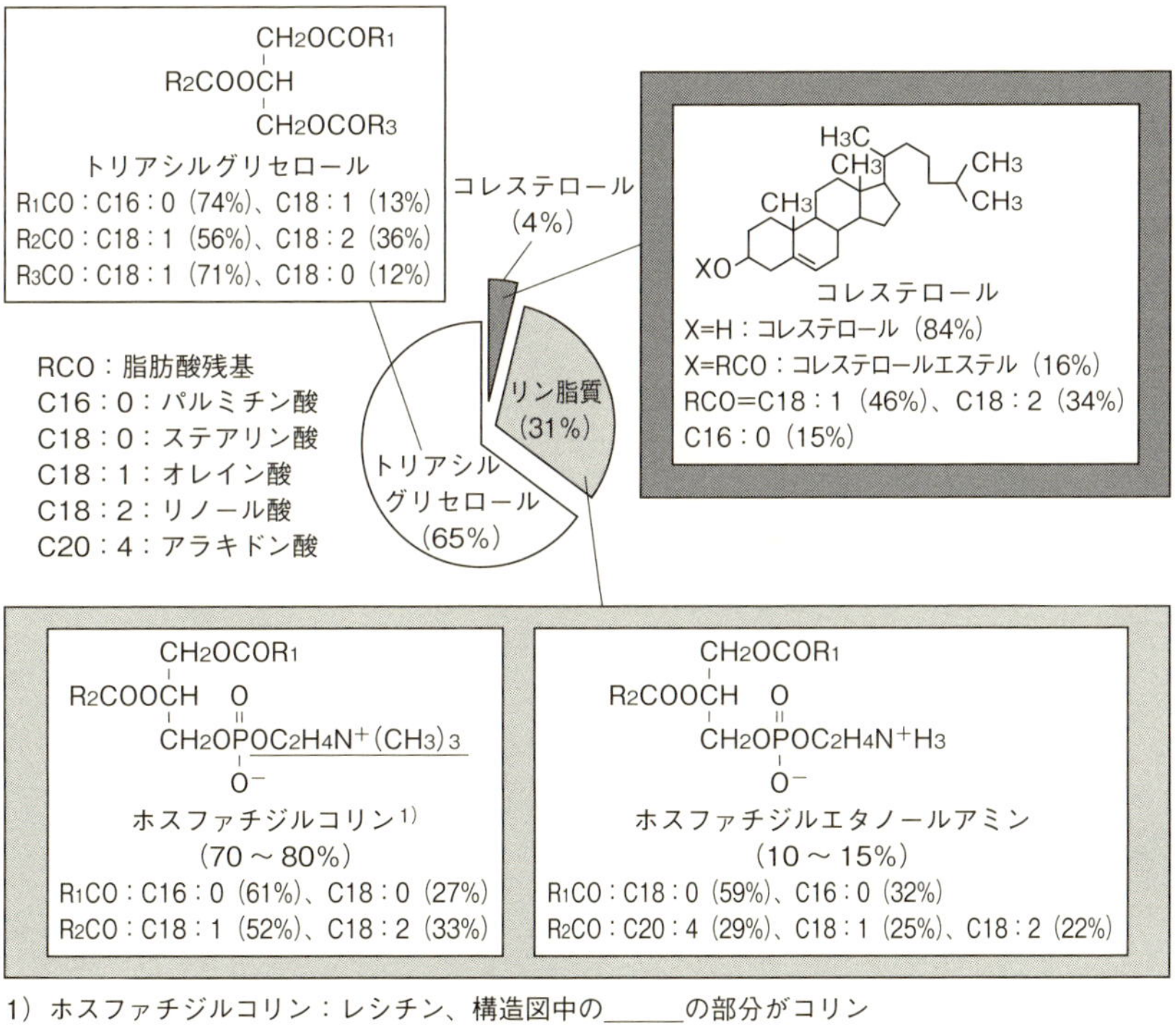

1）ホスファチジルコリン：レシチン、構造図中の＿＿＿の部分がコリン

図1−7　卵黄脂質の構成成分とその組成　　（石川 2008年）

ミエリン像が分散した状態のものです。

卵黄中のタンパク質の大部分は脂質と結合し、リポタンパク質として存在しています。水に溶けない脂質を水溶性のタンパク質に結合させ、水に分散させて機能を発揮させる巧妙な性質をもっています。図1-7に卵黄脂質の構成成分とその組織を示しました。

脂肪は化学的には、脂肪酸の3種がグリセリンに結合したものです。脂肪酸は$-CH_2-CH_2-CH_2-$が長くつながったもので、飽和脂肪酸のステアリン酸〔$CH_3-(CH_2)_{16}-COOH$〕ならば$-CH_2-$が16個です。ところどころに〔$-CH=CH-$〕があれば不飽和脂肪酸と呼ばれます。たとえば、リノール酸は〔$CH_3(CH_2)_4(CH=CHCH_2)_2(CH_2)_6COOH$と表示します（図1-7）。

n-6系（オメガ6）多価不飽和脂肪酸であるリノール酸（C18：2）やn-3系（オメガ3）多価不飽和脂肪酸であるα-リノレン酸（C18：3）、エイコサペンタエン酸（EPA　C20：5）、ドコサヘキサエン酸（DHA　C22：6）は、ヒトの生体内で合成できないために食物から摂取する必要があり、必須脂肪酸と呼ばれています。

卵黄にはこれらの必須脂肪酸がバランスよくすべてが含まれているのではないため、飼料を調整して改良されている卵もあります。

第2章

生命を育み、社会を動かす卵

——歴史からみた卵

1 野鶏から「エッグ・マシン」としての鶏へ

多様化する世界の卵

スーパーや小売店には、おもに「白玉」といわれる純白の卵と、「淡褐色卵」や「赤玉」といわれる褐色の卵が並んでいます。この卵殻の色は鶏の品種の違いによるものです。

白色の卵は白色レグホンという同系統同士が交配した品種が、淡褐色の卵は白色レグホンとロードアイランドレッドまたは横斑《おうはん》プリマスロックが交配した品種が産んだ卵です、また、褐色卵はロードアイランドレッドがもとになった品種が、さらに赤褐色卵は横斑プリマスロックがもとになった品種が産んだものです。

年間の産卵数は、白羽の白色レグホンが300個程度、褐色羽のロードアイランドレッドが280個程度、白黒横斑羽の横斑プリマスロックが250個程度で、それぞれ卵の平均重量は60g弱となります。

現在、国産の約6割が白玉であることを考えると、白色レグホンが産卵鶏として優秀であることが認められます。しかし、世界の国々をみると、国によって白玉か赤玉かの選択は異なっています。たとえば、白玉が多い国は米国、スウェーデン、イラン、インドなど。逆に、赤玉が多い国は英国、フランス、ポルトガル、中国などになります。米国では、移民の出身地が異なることから、州ごとで卵の色の好みが異なります。

最近では、純国産鶏の交配種である「さくら」（品種名：ゴトウ360）の桜色の卵、「名古屋コーチン」（品種名：名古屋種）の桜色の卵、さらには海藻粉末などを飼料に混ぜてヨウ素含有量を増やした「ヨード卵」、米（玄米またはその破砕米など）を飼料とした「米卵」などと呼ばれるような「ブランド卵」が店頭にさまざま並んでおり、卵の多様化がすすんでいます。

現在のところ、世界中では200億羽あまりの鶏が飼育されているといわれますが、そのうち採卵鶏がどのくらいなのかを推定するのは困難です。あくまで推測値ですが、およそ65億羽の多様な鶏（精巧につくられた「エッグ・マシン」）が飼育されているといいます。これらの多様な鶏がどのように改良され、その卵はどのように人の食生活に溶け込み、社会を発展させる原動力までになってきたのでしょうか。

鶏の先祖はセキショクヤケイ

鶏を含む鳥類が恐竜の末裔であることは、アミノ酸配列の相同性（配列は異なるが、発生学的には同一起源であること）からわかっています。鳥類が地球上に誕生したのは1億5000万年前と古く、おそらく人類が有史以前から鳥の卵を食用に供していたことは疑う余地はないでしょう。

エジプトの古文書によれば、紀元前1500年頃には鶏の卵を食べていたようです。

今日の家畜化された鶏の起源としては、現在、地球上に野生している4種の野鶏が候補にあげられています。東南アジア一帯の「セキショクヤケイ（赤色野鶏）」、スリランカの「セイロンヤケイ」、インドの「ハイイロヤケイ（灰色野鶏）」、インドネシア諸島の「アオエリヤケイ（緑襟野鶏）」です。

結論をいうと、現在の家畜化された鶏の先祖としては、その4種のうちセキショクヤケイとする説が有力です。

博物学者チャールズ・ダーウィン（1809～1882年）は、東南アジア産のセキショクヤケイが「庭先の鶏の祖先」とする革新的な見解を、自著『家畜・栽培植物の変異』（水野・篠遠 1938年・1939年）にまとめています。セキショクヤケイは野生下でも、また飼育下のいずれの場所においても鶏と自由に交配し、繁殖力のある雑種をつくることができる野鶏であるというのがその理由です。

タイなどを中心に家畜化がすすむ

この見解を受けて、家禽類の研究者である秋篠宮文仁親王殿下は、鶏の家禽化が当初食用を目的としていたのではなく、セキショクヤケイの未明に時を告げる習性を時計代わりに、また単雄多雌の社会行動による闘う習性を闘鶏として利用するのが目的であったことを指摘しています。そのほか、占いや囮（おとり）、権威の象徴などのシンボルとして利用したりすることも目的としてあげられています。

最初に鶏の家畜化を行なった地域には、数多くの種類の鳥が生息していたでしょうが、そのなかでもセキショクヤケイの特性に注目し、それを利用する目的で飼育されていたと思われます。たとえば、雄のセキショクヤケイが危険を感じ取って警告の鳴き声を上げる能力は、初期の人類が移動生活から定住生活に移行する際には、便利な非常警報システムとして役立ったことでしょう。

さらに、野鶏から祖先探しを行なう先駆的な研究としては、秋篠宮親王殿下が行なった、雌だけが受け継ぐ遺伝子コード「ミトコンドリアＤＮＡ」の解析による方法があげられます。東南アジアで野外研究を実施したあと、セキショクヤケイのミトコンドリアＤＮＡの断片を抽出し、その分析結果から見解を発表しました。それによると、鶏の家畜化が起きたのは一度きりで、しかも場所はタイであるという画期的なものです。

ただし、この研究で問題とされたのは調査されたセキショクヤケイの遺伝子が実際に純粋な野鳥の遺伝子であるかどうかということでした。それからほぼ20年後、ミトコンドリアＤＮＡよりもさらに詳細なデータが得られる核ＤＮＡを使った研究がすすみ、インドや中国南部、インドネシアなど多数の場所で鶏が家畜化されてきたという新たな見解も発表されています。

以上のように、鶏の祖先については、野鶏のセキショクヤケイのみが鶏の直接の祖先であるとする単元説と、複数の野鶏が関わったとする多元説があります。現段階では単元説が有力のようですが、どちらの説も野鶏同士の交配によって鶏がつくられたのではなく、セキショクヤケイが家畜化される過程でほかの野鶏の遺伝子が導入されたことを示唆しています。

したがって、この問題を論ずるときには単純に単元か多元かという議論だけでなく、どの段階でセキショクヤケイ以外の野鶏が交雑し、鶏という品種が成立したのかということが議論の対象になってきていると、秋篠宮親王殿下（２０００年）も述べています。

とはいえ、現段階で確率の高さからいうならば、原種セキショクヤケイが鶏の祖先のもとになったといえるでしょう。

すぐれた適応性を備えるセキショクヤケイ

現存しているセキショクヤケイは、体重が雄1kg、雌８００g程度です（図2－1）。産む卵の数や肉の量からみて、飼育や繁殖管理を行なうのは技術的にみても困難です。セキショクヤケイは1年に2回くらいの産卵ピークをもつのみで、年間にわずか10個ほどの褐色卵を産むだけです。

そのセキショクヤケイだけが家畜化されたのは、ほかの野鶏よりもきわめて広範囲に生息し、多様な環境に対してすぐれた適応性を備えていたからでしょう。交雑種がつねに繁殖力をもつのもセキショクヤケイだけの特徴です。

いまから5000年ほど前から人が農耕生活を営むようになり、いつしか野鶏と共同生活をするようになりました。その家禽化した野鶏に野生種が接近し、交雑したこともあったことでしょう。

このように数千年かけて野生のセキショクヤケイを生け捕りして飼いならし、繁殖をコントロールしてきたのです。この鶏の祖先は、やがて人に連れられて東へ、西へと伝播していきました。そして、中国には紀元前1700年頃に伝わり、紀元前300年頃になると一般でも飼育されるようになりました。

図2−1　セキショクヤケイ
（東京都多摩動物公園、筆者撮影）

この過程で鶏はさまざまな体型や羽の色に分化し、とくにインドと中国では体型が大型化し、多産性を向上させていきました。後年、さまざまな品種を生みだす（育種する）ことになるヨーロッパには、中国との交易によってもたらされることになります。

ローマ帝国時代にヨーロッパに伝播

品種の育成は、必ずしも経済性だけを追い求めていたわけではありません。観賞や愛玩を目的に開発された品種も多数ありました。現在養鶏で使用される鶏は、ヨーロッパでたかだか100年ほど前から始まった激しい人為選抜によって生み出されたものにすぎません。

東南アジアや東アジアの稲作地帯では、おそらく紀元前300年以降に米と魚の食文化に豚と鶏が加わりました。鶏の家畜化は中国南部からラオス北部の山岳地帯ではじまったとされていますが、かなり早くからユーラシア大陸全域に広がり、さらに西進して麦の食文化を基本とするヨーロッパにも鶏が広まることになりました。

ヨーロッパに鶏が入ったのは紀元前1世紀頃のローマ帝国時代といわれています。古代ローマ人は鶏を肉と卵の両方の用途で家畜として育種し、その後はイタリア全域や地中海沿岸地域に広がっていきました。

しかしながら、5世紀頃にゲルマン人の侵攻がはじまると、ヨーロッパでの鶏飼育は一時的に衰退したようです。

米国で「エッグ・マシン」としての品種が誕生

現在の「エッグ・マシン」としての品種はそう古くはありません。その一番手は今日もっともポピュラーな卵用種である「白色レグホン」です。そのもとになった鶏は、1838年にイタリアのレグホン(イタリア語ではリボルノ)という港から米国に輸出されました。レグホンという名はこれに由来するそうです。その祖先はイタリア近辺で飼われていた野鶏の地方集団のようです。

以来、いくつもの系統に細分化されながら、品種としての能力を高めていきました。多岐に分化したレグホン種のうち、白羽に赤い鶏冠の主人公が姿を見せるのは、記録によると1870年の米国でのことです。しかし、残念ながらどのような交配を経てつくり出されたかという記録は残っていません。

こうして米国で白色レグホンと呼ばれる集団として確立したあと、英国で引き続き改良が行なわれました。米国の地方品種の一つであった弱小品種の白色レグホンに、英国で飼われていた大型で強健な古い鶏2品種(「マレー」と「ミノルカ」)の血統が導入されたのです。その結果、白色レグホンは産卵のみならず、肉資源としても有望な品種となります。

こうした品種改良を経て、体重約800gであったセキショクヤケイは、1日1個程度の卵を産むことのできる、体重1・8~2・5kgの「白色レグホン」という品種に生まれ変わったのです。計算すると年間18kgもの卵を産むことになるので、実に自分の体重の8倍におよぶ卵を年間で産み出すまでに改良されたことになります。

一方、褐色卵の代表は「ロードアイランドレッド」や「プリマスロック」「コーニッシュ」です。米国生まれのロードアイランドレッドは卵と肉の両方を生産できる品種として育成され、赤褐色の羽色をもちます。この兼用種が広がりはじめるのは20世紀になってからですが、19世紀に「ジャワ」「マレー」「コーチン」「レグホン」「ランシャン」などの品種を複雑に交配させてつくり出されたと推測されています。レグホンの血を受けているためか、良質な卵を量産しつづけています

（図2−2）。

そのほか、美しい羽装のコーチンはヴィクトリア女王への贈りものとして中国から英国に入った品種です。コーチンは白色レグホンほどではないものの、年に150〜200個も産卵し、英米を中心にさかんに行なわれた採卵鶏の改良に貢献しました。

図2−2　白色レグホン（雌；左）とロードアイランドレッド（雌；右）（田名部雄一撮影）

新たな選抜方法で養鶏産業をリードする欧米

採卵鶏はそれぞれの地域で何度も改良が重ねられて、今日のように生産性の高い鶏が生み出されました。こうして改良種は、野生種と形態的にも生理的にもまったく異なった品種につくり上げられたのです。

とはいえ、こうした激しい人為選抜による品種改良は、100年ほど前から始められたにすぎません。同じ頃にメンデルは生物の遺伝に関する基本的概念を発見し、遺伝学が確立され始めた時期に重なります。この基本的概念を理解できるようになった結果、正確に個体を選ぶことが可能になりました。このようにして現在の「白玉」の遺伝子が、家畜化されてから代々受け継がれるようになったといえます。

このような人為選抜による品種改良によってより多くの卵を得ることができるようになり、世界の養鶏産業は20世紀はじめから欧米を中心に大きく発展しはじめました。

その後も、統計遺伝学理論をもとにした選抜方法に加えて、鶏の全遺伝子情報の解読（全DNA塩基配列の決定）によって生産性に関与する原因遺伝子群を特定するという新しい選抜方法が登場することで大きく飛躍します。膨大なデータを処理するコンピューターの開発によって、より生産性の高い鶏を育種し、より多くの卵を産み出すことが可能になったのです。

このような先端的な品種改良分野においては、農業国である米国の大規模な投資が抜きん出ています。

一方、日本においては生産コストの約70%を飼料費が占めることから、その削減こそが経営上もっとも重要なポイントでした。そのため、品種改良においては

Column

白い羽毛の鶏の歴史

7世紀頃の日本では、「太陽の女神」と崇められる天照大神に捧げられた白い鶏が、神社の敷地内を歩き回っていたといわれています。しかし、この時代に白い鶏が存在することは不思議に思えます。褐色の羽毛の鶏から、突然変異によって白い羽毛の鶏が生まれたことも考えられます。

一方、三国史記の故事に、新羅《しらぎ》の第4代の王・脱解(在位57～79年)が城の西方の始林に白鶏の鳴くのを聞き、始林を鶏林(新羅の異称)と定めたと記載されています。白い雄鶏は王朝の開祖の誕生を知らせてくれるともいわれています。飼育されるようになった白い鶏が、7世紀頃に朝鮮半島から日本に入ってきていたのかもしれません。

柳田國男全集第27巻の「白い鶏」(1964年)には、東北地方に多い「白鳥神社」には鶏の信仰があり、「大昔の白鶏を牲(にえ／著者注：神様に供える動物のいけにえ)とする風習が、いつの世にか生たるままにて神に奉るようになり、終わりには神山の鶏を以て直接に神の本体を崇うようになったのではないかと思う」とあります。

日本の鶏の羽色に関する最初の記録は、室町末期の『宜禁《ぎきん》本草《ほんぞう》』のなかに白雄鶏が記載されています。黒色の雄雌もいますが、赤と白は雄だけで、雌は黄と白黄黒斑がいたようです。

江戸時代の初期にはチャボも渡来しています。このチャボは白色羽毛で、ポーリッシュとミノルカには白色羽毛の種もいます。このチャボにいろいろと在来種との交雑が行なわれ、羽毛色や体型についてもさまざまな変化が起こってきました。

江戸時代の伊藤若冲の鶏図は微細な描写で有名ですが、白色鶏と耳たぶの白い鶏が描かれています。

白い鶏で経済性を追求した究極の鶏が白色レグホンです。遺伝子などの掛け合わせによる結果として白が出やすくなったと思われます。産卵の頻度などが経済的に有利であることから採卵用の鶏として採用され、いまや白色レグホンは世界中に広がっています。

少ない飼料で多くの卵を産むことのできる鶏をつくり出すことに重点が置かれました。その結果、日本は自国での品種改良に遅れをとってしまったといえます。

2 日本の「エッグ・マシン」はどこから

中国から日本に渡来した鶏

もともと日本に在来種の野鶏はいませんでした。鶏は約2500年前の弥生時代の頃に、中国から渡来したといわれています。そのルートについては朝鮮半島を経由したか、あるいは直接海路を来たかという2つの説がありますが、日本の地を踏んだ古代鶏は、セキショクヤケイに近い地鶏であったとされています。

おそらく最初の鶏の到着地は九州であったと考えられます。古くから九州では鶏がかなり多く分布していたようです。その後、本州各地でも飼育されるようになり、それが今日、全国各地でみられる地鶏にもつながっており、地鶏は古代鶏の原型を残しているといわれます。

骨の大きさからみて、弥生時代の鶏はチャボ程度の小型であったと推測されます。当時は、食用を目的としたものではなく、貴重な時告げ鳥であったようです。

平安時代までには、地鶏として「岐阜地鶏」「伊勢地鶏」及び「土佐地鶏」があり、平安時代初期には、さらに遣唐使によって中国から「小国」がもち込まれました。宇治平等院鳳凰堂の中堂棟にある、平安時代の作といわれる金銅製の一対の鳳凰は、鶏のイメージを基本とした造形です。この頃の鶏はおもに闘鶏のためのものであり、食用が主たる目的ではありませんでした。

一方、鎌倉時代に描かれた『一遍聖絵』（1299年）では、屋根の頂に鶏の一つがいが描かれています。これは鶏が放し飼いにされていたことを物語るものです。ちなみに、鶏は「庭つ鳥」（ニハツトリ）の「つ」が落ちて変化したもので、庭で飼うことからその名がついたとされています。

このような飼い方をみると、そもそも鶏は卵を採るのが目的ではなく、朝早く鳴いて起こしてくれる時告げ鳥として大切にされてきたことが想像されます。

江戸時代の初期になると、「チャボ」「烏骨鶏《うこっけい》」「唐《とう》丸《まる》」「ポーリッシュ」「ミノルカ」といった観賞用の鶏が中国大陸より渡ってきて、在来種と交配し、改良されました。

その後は卵を生産する養鶏もさかんとなり、佐藤信淵『培養《ばいよう》秘録《ひろく》』（１８４０年）や宮崎安貞『農業全書』（１６９７年）に養鶏技術が記載されています。江戸時代中期から後期（１７００年頃〜１８５０年頃）には、現在天然記念物に指定されている日本在来種の17品種が成立しています。これらの鶏の産む卵はすべて褐色卵でした。

明治維新以降はサムライ養鶏がさかんに

明治維新後の廃藩置県によって禄（給与）を失った武士のなかには、新たな稼ぎ口として養鶏をはじめる者が多くいました。そのため、彼らの行なう養鶏は「サムライ養鶏」とも称されました。

東北地方では、仙台の伊達政宗が「金色ポーランド」という種を幕府から下付されたことから、藩として養鶏に力を入れ、涌谷（宮城県遠田郡涌谷町）を鶏卵の集散地としました。

一方、東海地方では、名古屋を中心として尾張藩士のなかにも養鶏に取り組む者が多くいました。名古屋コーチンの生みの親ともいわれる下級武士の海部壮平・正秀兄弟はその代表格です。

兄弟は禄を失ったあと養鶏を専業とすることになり、当時、遺伝学の概念もないなかで、丈夫で産卵能力の高い鶏を産み出そうと、十年あまりにわたってさまざまな鶏の交配を繰り返しました。そして、明治15（１８８２）年頃、尾張地方の地鶏と中国から輸入した「バフコーチン」との交配により、産卵率の高い鶏をつくり出したといわれています。

当時の鶏の産卵数は３日に１個程度であったのに対し、この鶏は2日に1個の卵を産み、さらに強健で肉質がよいという長所をかね備えていたことから、全国に普及するようになりました。当初、品種名としては「薄毛」または「海部鶏」と呼ばれていましたが、明治38（１９０５）年に卵肉兼用種として「名古屋コーチン」と称されるようになりました。

その後、「褐色レグホン」「バフレグホン」「ロードアイランドレッド」などと交配され、脚毛をなくしたりして、大正8（１９１９）年に「名古屋」と改称されます。しかし、商業的には「名古屋コーチン」の名で出回っています。この新品種が日本における近代養鶏の先駆けとなりました。

そのほか出雲地方では、地元の地鶏にこの名古屋コーチンを交配させた「出雲コーチン」が誕生したほか、英国産のコーチン種と交配させた「出雲エーコク」

Column

サムライ養鶏——名古屋コーチンの誕生

明治維新による近代化には、長年にわたって引き継がれてきた武士道の精神が活かされていましたが、その一端が元藩士による養鶏(「サムライ養鶏」)にもみられました。藤澤茂弘『歴史小説　中部を翔ける(1)』(1999年)から、明治以降の養鶏の発展の姿をみてみましょう。

明治4(1871)年頃、新政府による版籍奉還で家禄を失った中・下級藩士の生活は、一段と困窮度を増していました。その頃養鶏といえば、農家の庭先で飼われている雑種の鶏ばかり。地鶏といわれ、体が小さく、産む卵も小粒でしかも数が少ないのが特徴です。

一般に肉食をする習慣がなく、神の使いとされていた鶏を売り買いすることは、神をも畏れぬ不埒な行為とさえいわれていた時代です。一難去ってまた一難、主人公の下級武士・海部壮平は養鶏のむずかしさを、いやというほど知らされる思いでした。

その彼に何度目かの災難がやって来ます。ニューカッスル病でした。「こりゃぁ、やっぱり神の祟りだ」との周囲のうわさにも耐え抜き、その後、無事に養鶏を再建したのです。

この過程で手に入れたのが、清国からきた「バフコーチン(九斤)」です。バフコーチンの雄と交尾した地鶏の雌から、地鶏とコーチンの中間くらいの大きなヒナが育ちます。この鶏の薄黄色の羽をみて、「ウスゲ」と名づけました。やがてこの改良を機に、世の養鶏熱に火が付くことになりました。

その後、海部兄弟によるウスゲの改良作戦が始まりました。つまり、いい鶏だけの長所を伸ばす交配を続けたのです。このウスゲが「名古屋コーチン」と名付けられたのは、関西で「名古屋から来たコーチン」に由来しています。

壮平亡き後、名古屋コーチンの改良は、旧尾張藩士らの養鶏家に引き継がれ、明治36(1903)年以降は、品種改良は愛知県立農事試験場畜産部にゆだねられます。そして平成4(1992)年、ようやく海部種にちかい「名古屋コーチン」を復活させることができました。「現代のようなハイテク技術もなく、メンデルの遺伝の法則も知られていなかった明治時代に、あれほどの鶏をつくり出した海部兄弟は、本当に凄い人たちだった」と関係者は述懐しています。

平成25(2013)年には、産卵能力をさらに改良した新「名古屋コーチン」による歴史と伝統に裏づけされたブランド卵が市場に流通しはじめました。近年では、その特性を活かした惣菜や洋菓子などの加工原料としての需要も伸びてきており、年間約10万羽が生産・飼育されています(愛知県農業総合試験場　木野勝敏、美濃口直和)。

などがあります。

昭和期に入って養鶏産業が本格化

明治維新以降は、欧米から白色卵殻の卵を産む白色レグホンをはじめとする多くの卵用や卵肉兼用の品種が輸入され、これらを用いて日本独自の採卵鶏の改良とその導入がさかんになりました。

そして大正期（1912～1926年）には、明治維新以降さかんだった「サムライ養鶏」が次第に養鶏専門会社に脱皮していきました。その養鶏産業が本格化するのは昭和期（1926～1989年）に入ってからで、導入された白色レグホン種の産卵能力の検定検査が農林省の種鶏場で行なわれるようになり、官民で採卵鶏の改良が行なわれるようになりました。

後藤孵卵場と養鶏家・吉田国雄氏は、改良した白色レグホンの産卵数で年間365個という世界記録を保持するとともに、その連産性を高めることにも成功しています。

貿易自由化で欧米の種鶏購入がすすむ

しかしながら、日本においてはほぼ毎日卵を産むような品種が個体単位ではつくられてきましたが、集団としてみると、その平均的な性能は必ずしもよいといえないものでした。

こうした状況のなかで、昭和37（1962）年種鶏輸入の自由化により、欧米の集団単位で評価された鶏が日本に入ってきました。ほとんどの個体が安定したよい成績を示す鶏集団であったため、欧米で改良された種鶏を購入するという形態が急速にすすみました。そのため、従来型の個人として事業を営む多数の養鶏家から、大規模に事業を営む少数の養鶏企業へと、日本の養鶏は加速的に変貌を遂げることになりました。

日本で産業用に飼育されている採卵鶏の大もとのさらに大もとにあたる鶏を「エリートストック」（基礎鶏）と呼びますが、これらは欧米で保存されています。こ

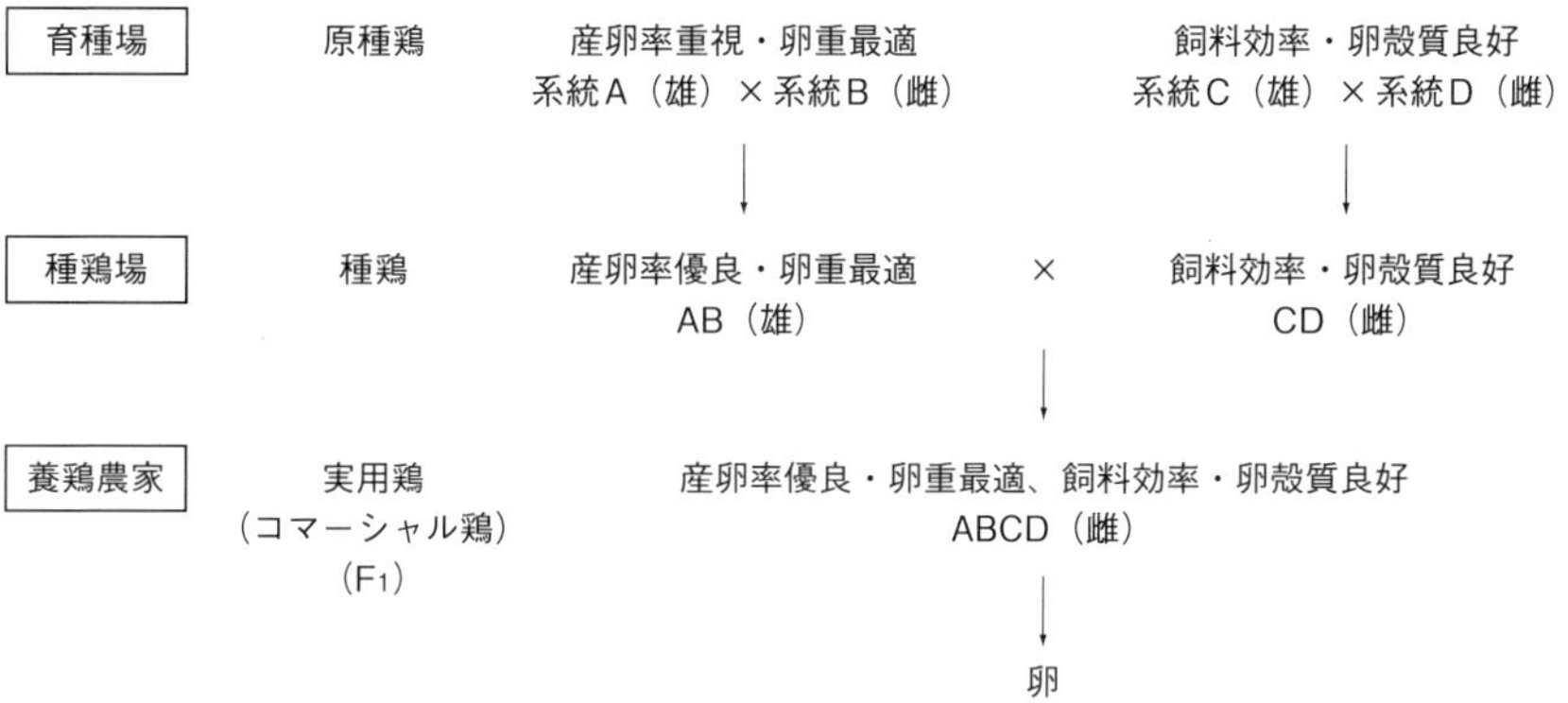

図2―3　実用鶏が生産されるまでの過程
（稲生 2015 年を参考に作成）

のエリートストックから「原々種鶏」と呼ばれる鶏が、原々種鶏から「原種鶏」が、さらにその原種鶏から「種鶏」と呼ばれる鶏がつくられます。

エリートストックと原々種鶏は産卵率が高く、飼料要求率もよく、品質のよい卵を産み、丈夫な体をもつなど、すぐれた特性をもった選別された白色レグホン種などの鶏たちです。

種鶏生産を目的とする養鶏場では、近交度の高い純粋な系統をいくつか原々種として維持し、繁殖しつづけなければなりません。二つの異なる原々種鶏が交配されて原種鶏が産出され、その父系と母系が交配されて種鶏が、その種鶏同士から実用鶏（コマーシャル鶏）が生産されます。

日本では欧米から原種鶏や種鶏をヒナの状態で輸入し、このヒナを育てて雄雌を交配し、実用鶏と呼ばれる採卵鶏がつくられています（図2―3）。

実用鶏は交雑種（F_1種）で、互いに血縁関係のない個体同士を交配させて、両親の種鶏のすぐれた特性をもっています（この現象を「雑種強勢」と呼びます）。しかしF_1種であるため、次の世代ではこの雑種強勢の傾向も減り、親と同じすぐれた特性をもったヒヨコが生まれることはありません。そのため、産業として営まれる養鶏では一年ごとに実用鶏のヒヨコを仕入れなければならないのです。

鶏は孵化して120日後くらいから卵を産みはじめ、600日くらい経つと産卵効率が落ちます。生涯で産む卵の数は550~600個ほどです。

日本では雑種強勢という育種方法が活用され、白色レグホンの雌とロードアイランドレッドの雄の交配種が開発されました。この交配種の卵は桜色をしています。

卵用として再起した名古屋コーチン

日本における近代養鶏の先駆けとなった名古屋コーチンの改良は、その後愛知県が引き継ぎました。卵肉兼用種として産卵性能の改善に関する育種改良が行なわれ、昭和32(1957)年には年間356個の産卵数が記録されました。

しかし、その後外国種鶏の輸入が自由化されると、経済性で劣る名古屋コーチンは活躍の場を失うことになってしまいました。それからは苦難の連続でしたが、近年再び高品質の肉用鶏として再起することができました。

肉用鶏としての名古屋コーチンの普及がすすむことで、合わせて桜色の卵殻と「コク」のある卵の味わいにも注目が集まるようになりました。そのため卵に重点を置いた品種改良が行なわれ、平成12(2000)年には鮮やかな桜色の卵殻とその卵殻に白い斑点が桜吹雪のようについた「卵用名古屋コーチン」がつくり出されました。

ほかの鶏種との差別化をさらに強化するため、その後も特徴ある卵殻色を目指して改善がつづけられています。このような地道でねばり強い関係者の努力が、卵のさらなる食生活への浸透を支えているのです。

図2-4 名古屋コーチン
(雌、卵肉兼用種)
(田名部雄一撮影)

人工孵卵器が産卵数向上に貢献

大規模養鶏を阻む障壁は繁殖です。胚が成長してヒナが誕生するまでに3週間ほどかかりますが、その間に母鶏は体温で卵を温めながら、正常な発達を促すために1日に3回から5回ほど卵を回転させます。

卵の周囲の温度は37～41℃を保たなくてはならず、しかも湿度はほとんどの期間にわたって55％近くを維持し、最後の数日間はその湿度を上昇させなければなりません。雌鶏は卵の世話に長い時間を費やすため、繁殖に重きを置くと鶏卵の産出効率が落ちてしまいます。

その解決策は、人工孵卵器に雌鶏の繁殖の仕事を代行させて、雌鶏に新たな卵をどんどん産ませることです。日本で人工孵卵器が普及したのは大正時代になってからですが、東京農業大学の前身となった団体「徳川育英会育英黌《いくえいこう》」の創設者・榎本武揚《えのもとたけあき》の功績です。彼は、箱館戦争に敗れて降伏し、投獄された数年の間に石けん、焼酎などの製法に加えて、鶏卵を人工的に孵す孵卵器を開発しました。この開発は、このあと日本の養鶏の発展に大きく貢献することになります。

3 食べる卵が食卓に根づくまで

忌避されはじめた卵――弥生～飛鳥時代

ここで、どのようにして卵が日本の食生活に定着してきたのか、その歴史を振り返ってみましょう。

［日本独自の信仰体系が食生活にも影響］

旧石器時代の移動生活から定住生活に移りつつあった縄文時代は、採取した木の実や山菜、狩猟した野獣肉、漁労した魚などを食べて暮らしていました。その後、作物栽培が本格的にはじまる弥生時代から、大陸との交流がさかんになる大和時代にかけては、中国から伝来した稲作が全国に広がり、米や雑穀を主食として野菜、野生鳥獣、魚などを食べるようになります。おそらく、この頃から野鳥の卵も食べていたものと思われます。

日本には古来、日本固有のさまざまな民俗信仰や儀礼が複合された自然信仰という信仰形態があり、それが大陸から伝来した仏教と習合してきました。自然や自然現象に霊力（神）を感じ取り、その霊魂を神として崇拝し、儀礼を通じてその霊魂と通じようとします。この「かみ（神）」とか「たま（魂）」が自然界の至るところに存在するとして、特定の「山の神」や「風の神」「鶏の神」などを祀ることになりました。そこには神と人間との密接な利害関係が生じ、それぞれ特有の神話や伝説を生むことになります。

大和朝廷はこれらの民間信仰を統合して民族宗教を立ち上げるため、『古事記』『日本書紀』を編纂するなどして天照大神を最高神とする神道の体系を固めました。ところが、聖武天皇が大陸から伝来した仏教を重んじたことから、神道と仏教の混交がすすみ、神は仏法の守護者とされ、神宮寺や神願寺などにみられるような神仏が合体した寺院ができることになります。こうして確立してきた宗教の思想が日本人の食生活にも影響を与え、のちに卵の摂取に否定的な態度を強いるようになるのです。

【肉食禁止令の発布へ】

前述したように、弥生時代に渡来した鶏の家畜化は、おもに肉や卵を得るためではなく、このような信仰や儀式に使ったり、鳴き声で暁の時を告げたり、また闘鶏を楽しんだりするためでした。たとえば、日本で闘鶏に関するもっとも古い記録は奈良時代の『日本書紀』にみられます。

科学史学者の加茂儀一氏によると、日本に鶏が入った頃、鶏は太陽が昇る夜明けの時を知らせることから、当時は太陽や光の象徴とみなされていたようだと述べています。そのため、象徴的存在を食用にすることは忌避されていただろうと思われます。

当時は野生の鳥獣をほかにも多く捕獲できたことや信仰上の理由から、鶏や牛が霊鳥や霊獣とされる風習になったのではないでしょうか。

日本古来の神道も、本質的には自然を崇拝したり、特定の動物を神聖視したりすることから、肉食禁制の方向に向かいました。そして、ついに天武天皇による「肉食禁止令」の発布（675年）によって、「牛や馬、犬、猿、鶏の肉を食べてはならない」とされ、聖武天皇も745年、「向こう3年間、一切の禽獣を殺してはならない」と厳しく命じています。

その背景としては、家畜の食用を禁じることで、労働力としても貴重な存在であった家畜の減少を抑えるといった政策的側面もあったとされています。

［原始的宗教観が卵の忌避につながった］

卵については食用禁止の対象とはなっていなかったものの、「鶏の肉がいけないなら、当然卵もだめだろう」との発想によって卵まで避けられるようになりました。

一方、中国では殺生禁断の戒律は寺院の僧侶だけに守られ、一般民衆まで強制されることがなかったため、肉料理が普通に食べられていました。そのため、中国から肉料理が伝わってきても、それを日本では受容してきませんでした。

この肉食禁止令は江戸時代に至るまで何度も繰り返し発令され、四足の獣を公然と食べることはできなくなりました。こうした禁令でも、卵を食べるなというような定めはとくにないようですが、4月から9月までは魚以外の肉や卵を食べることを禁じたとされています（坂本ら　1965年）。禁令は12世紀頃まで繰り返し出されていることから、実際にはあまり効果がなかったと思われますが、庶民がすすんで卵を食べることが少なかったのは確かなことのようです。

その理由として、前述した仏教の渡来（538年）よりもずっと古い原始的な日本人の宗教観（自然のものすべてに神が宿っているという考え方）が反映していると思われます。その卵を畏怖する原始的な感覚は絶えず受け継がれ、それがのちの仏教の殺生禁止の思想と結びついて、卵を食用とすることを忌避する風習につながったと思われます。

忌避も受容もされた卵
——奈良時代から安土桃山時代まで

［古代、卵は食べられていた］

8世紀に書かれた日本の歴史書『古事記』にある有名な「天の岩戸」の物語は、なかなか手の込んだ内容です。この天の岩戸の物語に登場する長鳴鳥とは鶏のことと解釈されています。このことからも鶏を神聖な動物としてみていたことがわかります。

また、雄略天皇の頃には「鳥飼部」という養鶏を専業とした民が存在したことも記されており、日本での養鶏の歴史の古さを物語っています。

卵の忌避について、国文学者の板橋倫行氏は、「日本人が牛肉を嫌悪して食はなかったといふのはよく判るが、以前から鶏卵を食べなかったといふのは聞き捨てにしておけない」と述べています。

古代の日本人にとって卵は、けっして忌み嫌われるような存在ではなかったはずです。当時の『皇太神宮儀式帳』や『延喜式』巻第四をみても、伊勢大神宮の山口神祭などの諸祭には鶏卵がさかんに用いられていたことがわかります。そのことからも卵の食品としての地位がうかがわれます。

確かに、日本でも鶏肉はおろか卵も食べないという風習のある地方がありましたが、逆にこれが一般的でないことを示す事実といえるでしょう。

[『日本霊異記』にみる卵食の忌避]

平安時代初期(9世紀頃)、薬師寺の僧・景戒によって書かれた日本最初の仏法説話集『日本霊異記』の中巻第十の説話は、「常に鳥の卵を煮て食べ、この世で悪い死に方をする報いを受けた物語」です。そのなかで、「今、身に鶏の子(卵のこと)を焼き煮る者は、死して灰河地獄に墜つ」と説かれています。

日本文学者の多田一臣氏の校注(ちくま学芸文庫版)には次のようにあります。「青年が卵を食べていたのは、たしかに殺生戒への犯しにあたる。しかし、ここでの応報は極めて厳しい。卵を食べることが、なぜそれほど重い罪とされたのか。おそらく未生の生命を絶つことが重大な罪悪と考えられたのであろう。生まれるはずの生命を絶ち切ることは、生き物を殺すよりも罪深い行為とみなされたのである。卵の内部は完全な密室で、外から作用を及ぼすことはできない。その中で、どろどろとした黄味と白身がいつのまにか生き物の姿へと変身し、殻を破って外に出てくる。閉ざされた空間のもつ不思議なはたらきへの畏れが、卵を神秘なものに感じさせていたのだと思われる」。

つまり、この世で卵を食べると、あの世に行ってから地獄に落ちるということです。こうしたある種の迷信が横行し、おおっぴらに卵を食べることができなかったのではないかと思われます。

[神々の食事には卵が供された]

一方で、神々の食事から卵をみてみると興味深い事実が浮かび上がってきます。神道では、人々が神々へ祈りを捧げるときに、その食事を用意して神前に供し、儀式後にこれを下げて人々が共に食べるという「直会《なおらい》」という儀式があります。その直会を通じて神と人とが一体となって願いごとをかなえようと望むのです。

今日までこの神饌がきわめて丁重に取り扱われている伊勢神宮の例をみても、神饌は朝と夕に毎日ささげられ、祭りや儀式が行なわれる際にも欠くことのできないもので、きわめて深い宗教的意味をもった「ご馳走」といえます。その神饌において、けっして主要なお供え品ではなかったものの、卵がその一つの重要な食材とされていたことは大いに注目されてよいでしょう。

［民間信仰にみる卵の忌避］

桜井徳太郎『民間信仰辞典』によると、「鶏精進といって氏神が鶏を嫌うので鶏肉や卵も食べてはいけない」という村が全国あちこちにあったようです。

その例をみると、出雲の三保関（現在の島根県松江市美保関町）では、「事代主命と三保津媛の恋路を、鶏が早く鳴いてじゃまをしたので、鶏を飼うのが禁じられた」、山形県小国の金目（現在の山形県小国町金目）では、「祖先がムジナ退治のために鶏を食べないと願

表2−1　食べる卵のあゆみ　（筆者作成）

時代区分	
弥生	地鶏の渡来（時告げ鳥、闘鶏）
古墳	神道の成立（動物信仰）
飛鳥	仏教の伝来（殺生禁断／538年） 天武天皇の「肉食禁止令」により卵食にも影響（675年）
平安	『日本霊異記』（卵は禁忌の食べ物）／卵が神饌（神様へのお供え物）
鎌倉	伊勢神道（卵に対する禁忌の継続）
安土桃山	キリスト教の普及／卵食文化の流入（南蛮料理・カステラ）
江戸	5代将軍・綱吉の「生類憐れみの令」／卵の開化／卵料理本『料理物語』・『万宝料理秘密箱』発刊／握り鮨に焼き卵／採卵養鶏／生卵の強精効果／鶏卵問屋（江戸）
明治	政府の神道国教化政策／福沢諭吉の肉食の啓蒙活動／サムライ養鶏（名古屋コーチン）／白色レグホンの渡来／国産養鶏始まり／明治天皇の「肉食再開宣言」／養鶏業の成立／『食道楽』和食（オムライス）・洋食(オムレツ)／卵の栄養価のPR／東京府下の鶏卵問屋170戸／卵生産高は年間約4500万個／卵の新鮮度の判定方法／卵がお歳暮品に／上海卵の輸入／乳・肉・卵の消費量増加
大正	活力源としての卵／孵卵器の開発／マヨネーズ・ドレッシングの製造開始／三大洋食はカレー・とんかつ・コロッケ
昭和	タケノコ生活／巨人、大鵬、卵焼き／養鶏業の本格化／乾燥卵・凍結卵の製造／プラスチック製の卵入れ「卵パック」の登場／ケージ飼いの普及／卵は物価の優等生／高度経済成長による生活中流化／学校給食の普及／冷蔵庫・電子レンジの普及／卵生産量・消費量が世界トップクラスに／飽食の時代／平均寿命が延伸／コレステロール摂取の制限／卵殻・卵殻膜の資源化
平成	コレステロール問題の解消／卵用名古屋コーチンの復活／鳥インフルエンザの発生／卵の生物工学での利用（医薬品の開発）／乳酸発酵卵白の開発／中国・インドの鶏卵生産国としての躍進／卵含有調理済み食品の普及／栄養強化卵・デザイナーエッグの誕生／機能性表示食品制度の確立

掛けした」というような伝承が残されています。

そのほか、滋賀の田村神社や大阪の道明寺などの周辺にも卵を食べない風習があるようです。このように、それぞれの地域での神々への信仰における卵の意味づけが、その地域の食文化に影響を及ぼしているのです。

民間信仰には「物忌み」という禁忌が必ずあるのが大きな特徴といわれますが、卵を禁忌とする例も多くあります。東北ではオシラ様を信仰する家は卵を摂らず、尾張一の宮の真清田神社（祭神：天火明命《あめのほあかりのみこと》）の社家では昔より代々卵を食禁とすると定めているようです。

［禅宗が全国に卵の忌避を広めた］

鎌倉時代以後、厳格な戒律の禅宗が伝えられ、多くの寺院では肉や魚をさけた精進食を摂るようになりました。そこでも卵は使われていませんでした。

鎌倉中期の僧・無住一円による『沙石集』には、「尾張国に男の子二人をもち、その子らに卵をたくさん食べさせ、そのために報いを受けた」という女の話があります。さらには同著『雑談集』には、「ある上人が卵を茹でて食っていたが、それを小坊主に隠すために茄子漬と呼んで食べていた。小坊主は、鶏の鳴くのをみて、お師匠さま茄子漬の父親が鳴いています」といった滑稽話も載っています。

これらの説話は諸国を遊行する僧の口伝えなどによって庶民に広く知られるようになり、卵に対する禁忌をいっそう普遍的なものにしました。このような事情もあって、日本人の多くは卵を敬遠するようになったと推測されます。

［卵は公然と食べられていた］

しかしながら、卵があるのにまったくそれを食べる人がいなかったということはあり得ないことです。事実、鎌倉時代初期の説話集『古事談』（1212〜1215年頃）には、堂々と卵を食べていたことを示す話が取り上げられています。

そこには、花見の宴に飲食物をもち寄ったなかに、豪華な一折の「玉子」があったことが書かれています。「長櫃に飯二、外居にとりの子一、折櫃につき塩一杯、……」と塩も置いてあったことから、その卵とは茹で卵であったと思われます。しかも、この卵は、妻が髪を切って売り、そのお代で男の恥を隠すために求めたものと記されています。

このように、卵を食べるのを敬遠する人が多い時代でも、平然と卵を食べる人たちがいたことは確かです。

『平家物語』には、後鳥羽天皇の外叔父にあたる七条修理大夫坊門信隆が、京都の鳥羽などで鶏を飼っていたことが記されています。そして、『源平盛衰記』によると、その信隆が飼う鶏は増えて四、五千羽にもなり、村の田畑の稲や麦を食い荒らし、そこかしこで打ち殺されたとされています。

坊門家が食用として鶏を飼育していたかどうかは明らかではありませんが、その殺された鶏の肉や随所で産み落とされた卵を、村内で食べる人がいたであろうことは容易に察しがつきます。もしかすると鎌倉時代に何らかの養鶏産業が興っていたのかもしれません。

[禅僧が寺で養鶏を営んでいた]

室町時代の半ばに書かれた禅僧の蔗軒《しょけん》の日記『蔗軒日録』(1484~1486年)には、「僧の養鶏するを戒しむ」とあり、当時、鶏を飼っていた僧侶がいたようです。おそらく、蔗軒も含めて仏教を学びに中国(明)に渡った室町時代の僧侶たちは、中国滞在中に滋養食として鶏の卵を食し、また山羊の乳を自由に飲むことができたと思われ、帰国後も卵を食べようと鶏を飼う僧侶がいたのではないでしょうか。卵を食することは観念的には禁忌だったはずですが、滋養食として食することには目をつぶるような暗黙の了解があったのかもしれません。

[肉・卵食を広めたキリスト教の伝来]

室町時代末期(1549年)、当時マカオを中心にアジアでの貿易を拡大しつつあったポルトガル商船に同乗し、ポルトガル宣教師のフランシスコ・ザビエルが日本(鹿児島)に上陸、キリスト教を初めて布教します。キリスト教には殺生戒はないため、彼らはごく普通に肉や卵を食べていました。

当時、ポルトガル人との交易がさかんだった九州中心に、肉や卵を食べる習慣がキリスト教の布教とともに一層広まり、貿易商売のために長崎などにやってくる商人らによって、その習慣は広く全国に広がっていったと考えられます。すなわち、南蛮貿易は日本の食習慣の転換という点において一つの大きな境目であったといえます。

彼らによってスポンジ(カスティーリャ・ボーロ)も伝わりました。これは日本において、カステラとボーロへと独自の発展をとげました。このほかにも、ポルトガル語でフィオス・デ・オヴァス(糸状の卵の意)と呼ばれる卵の黄身を主材料とした南蛮菓子・卵素麺（または鶏卵素麺）も伝えられています。

彼らがもたらした西欧の文化は南蛮文化、料理は南蛮料理といわれ、当時の戦国大名などによって保護され、その後は全国に広まっていきます。

江戸時代になると、ポルトガルに続いてアジアでの交易権を手中にしたオランダ人によって、長崎や平戸などを通じて西洋料理が伝えられました。当時平戸を拠点に活動していたオランダ商館の人々が初めて江戸に出向いたときには、肉や卵のない食事に閉口したというような逸話も残されています。その後は江戸にも西洋料理が伝わることで、少しずつ肉や卵を食べる習慣も広まっていったと思われます。

〔卵を取り入れた懐石料理の新しさ〕

仏教の五戒にある「不殺生戒」の戒律などの宗教観が継続するなかで、卵が日本人の食卓にのぼったのは比較的新しく、安土桃山時代（1573～1603年）とみなされています。

この時代には千利休が茶の湯を完成の域にもち込み、大陸などからの外来食品を見事に和風にあしらって、茶の湯に適した「懐石料理」をつくり上げました。これは禅宗由来の「精進料理」とは異なり、鶏や魚などの食材も取り入れ、栄養的にもかなりすぐれたものでした。

この頃、中国医術の医食同源や不老長寿の思想とともに、卵の価値が説かれました。そして、永年にわたって宗教と国の政策に翻弄されて食べられてこなかった卵の食品としてのすばらしさがようやく認められはじめました。

そのきっかけは、以上述べてきたように、やはり外来宗教（とくにキリスト教）や先進諸国（当時、世界的覇権国家であったポルトガルやオランダなど）の食文化が伝来し、その影響力を無視できなかったことによると思われます。

珍重された卵――江戸時代

〔江戸の町が食生活の変化を先導した〕

江戸時代初期に、江戸近郊の百姓たちは、庭で放し飼いにしていた鶏が自然産卵したものを、野菜とともに江戸の町中に売りに出ました。本来、鶏は5～6日に1個のペースで産卵し、暑さが厳しい季節や卵を温めている間は次の卵を産むことはありません。この時代は卵の生産量も低く、大変な貴重品でした。

当時の江戸（千代田区・中央区・港区・新宿区・文京区・台東区・墨田区・江東区・荒川区・渋谷区・豊

島区及び品川区・目黒区・北区・板橋区・練馬区の一部）の人口をみると、１６０３年におおよそ15万人、１６３５年は28万人、１７５０年は１００万人、１８５０年は１１５万人となっています（斎藤 １９８４年）。

江戸の町中では、参勤交代で江戸に詰める武士やその奉公人などの単身者をはじめ、小商いや日雇い労働者や職人など、男性単身者が多く、外食に対する需要が高まり、うどんやそば、鮨、てんぷらなど、当時のファストフードともいえる庶民的な食べものを食べさせる料理屋や定食屋が多数出現しました。その一方で、富裕層向けの高級料理店も出始めました。

これだけの急速な人口増と食生活パターンの変化に伴って、近郊のみでなく、整備された街道などを通じて全国からたくさんの食材が江戸の町に流入し始めます。このようにして、１６０３年から２６５年続いた江戸時代の間に、全国規模での物流網もできあがり、現代につながる各地の地方野菜や特産品なども生まれ、１日３（〜４）回の日常食の献立パターン（一汁一菜または二菜）も定着していきました。

このように食生活とそれを取り巻く環境が大きく変動するなかで、卵の食用が急速に普及するのは、食文化がいっせいに開花した江戸時代の江戸の町からといえるでしょう。

［養鶏業が広がり、玉子屋も登場］

三代将軍・家光の時代（１６２３〜１６５１年）、副将軍・水戸光圀らは養鶏の普及に努めました。しかし、のちに五代将軍・綱吉が発布した「生類憐みの令」（１６８５年頃）により、犬猫から牛馬、鳥類、魚類までが保護対象となり、一時的に一切の殺傷が禁じられることになります。

その一方で、同時期に編まれた『本朝食鑑』（１６９７年）には、「卵は万病に効く」といった内容の記述があり、病気治療のための滋養物として珍重されるようになってきたことがわかります。

赤穂浪士による吉良邸討入り（１７０２年）があった頃は、武家社会が経済の荒波に揺れていて、江戸幕府の為替業務を担っていた豪商三井による金融業「三井江戸両替店」が、取引先の大名や旗本のお屋敷に盆暮れなどに付け届けをしていました。その品は卵やかつお節でしたが、農家から集めた卵はお歳暮や寒中見舞いに使うほど貴重なものだったのです。

養鶏業者らしい生産者が登場するのは、その次の八代将軍・吉宗の時代（1716〜1745年）です。関東地方、とくに北関東地域において、江戸に隣接した利根川沿岸が船運によって江戸に向けての輸送が便利となったことから、養鶏農家が拡大しはじめました。

当時、江戸の町中には鶏卵問屋の広告が貼り出され、卵の売買が広がっていたことが読み取れます。図2―5の左の広告は日本橋一丁目の鶏卵問屋「大津屋」という店のものです。「御膳　御碩蓋物（スズリブタモノ、カステラかまぼこなど）焼玉子　巻玉子　御進物　折詰御好次第」とあるのは、酒の肴に卵料理の仕出し、贈答品の卵のご注文もお受けいたしますという内容です。

この頃にはすでに玉子屋も登場し、米の籾殻に卵を埋めて売っていました。しかし、庶民にとっては長きにわたり、なかなか手の届かない高価な食材でした。

図2―6は卵の鑑別を行なう様子を描いた図版です。卵を透かして、新鮮かどうかや孵化中かどうかを判断しているのでしょう。貴重な卵を慎重に扱う様子がわかります。

『日本幽囚記』にみる幕末期の卵

幕末期、欧米列強の脅威が日本列島に迫るなかで徳川幕府は内患外憂に悩まされ、瓦解への足音が聞こえはじめていました。1811年にはロシア船ディアナ号の艦長・ゴロヴニンを日本側が逮捕するという事件が起きました。

松前藩に囚われたゴロヴニンは日本抑留生活の記録を残しており、その中で卵についても記しています。

「日本人は鶏卵が大好きで、固く茹でて、果実をたべるように、丸のまま噛つたり、時には蜜柑といっしょに食べたりする。われわれには野菜といっしょに吸物に入れてくれた。貴人用に屋内に鶏を飼ひ、米ばかりやり、家の中を歩き廻張らせてゐる。貴族や官史は、戸外を歩き廻って、手當り次第に不浄な物をつむような鶏の卵は食べようともしないのである。」（ゴロヴニン　1943年）

混乱した幕末社会のなかでの卵の食べ方や鶏の飼い方などの様子がよくわかり、貴重な情報であるといえます。

下級武士もたまに食べるだけだった卵

当時の庶民の食生活はどのようなものだったでしょうか。武蔵国忍藩《おしはん》（武蔵国埼玉郡にあった藩）の下級武士・尾崎石城が記した『石城日記』（1861〜1862年）にみてみましょう。

まず気づくのは、祝日などハレの日の酒宴と日常の食事の落差が大きかったことです。当時、日常の食事と思われる献立例を表2－2に示しました。普段の食事は野菜の汁物と豆腐・油揚げ・根菜などの野菜の煮物、時には目刺しなどで簡単にすませており、毎日一汁一菜といった質素な食事内容で、卵は数日に1個というペースです。これでも通常よりは多いほうでしょう。栄養源としての卵の存在がよくわかります。

一方、「東照宮（家康）の祝日」には、米や酢、薑（はじかみ、サンショウ）、卵、割鯣、海苔、干瓢、鮭などを用いて自らちらし鮨をつくって、ほかの家にも配っています。このちらし鮨の主役は卵です。

江戸後期の長屋に住む大工とその妻、子ども1人の3人家族の食生活では、現在の価格に換算してみると、1日の収入が約9000円で、そのうち米代が1800円、卵が1個200円、納豆は1包み80円にもなり

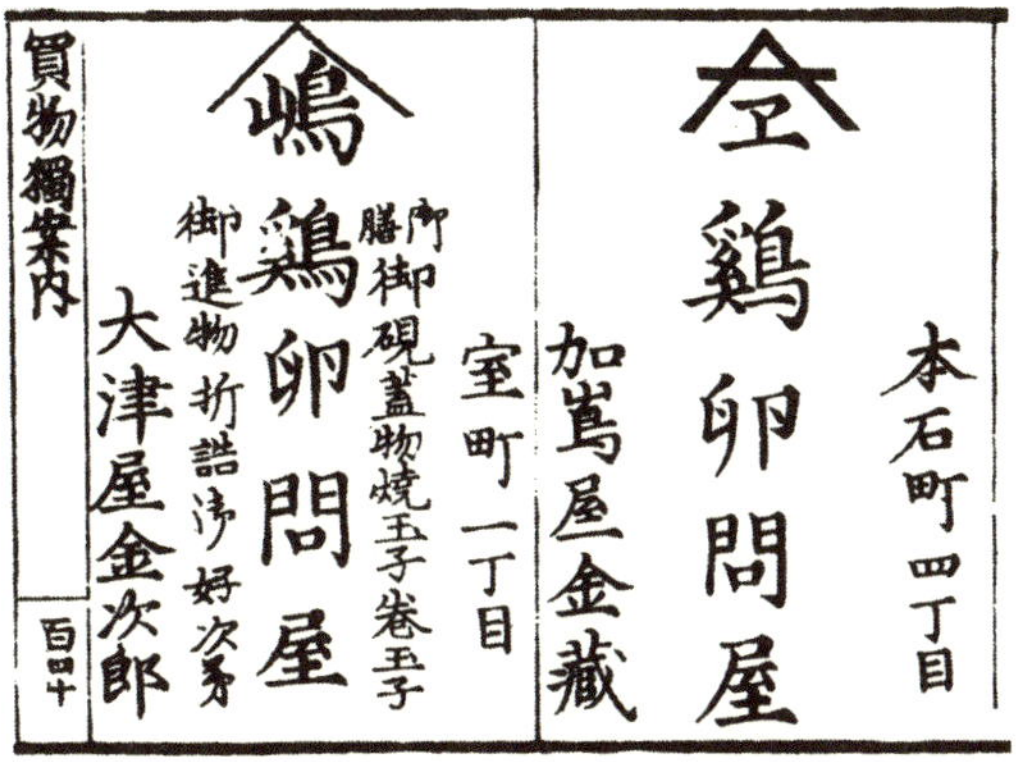

図2－5　鶏卵問屋
（中川五郎左衛門編 1972年）

図2－6　卵の鑑別
（吉井 1980年）

表2－2　『石城日記』にみる食事内容
（原田 2003年）

	朝食	昼食	夕食
9月5日	汁（茄子・油揚・餅・芋）	茄子・藤まめ	おちゃ
9月6日	かゆ	玉子	ゆとうふ
9月7日	菜汁	里芋・油揚	ひもの
9月8日	ねぎ汁	里芋	茶つけ

ます。野菜の値段は総じて安く、魚介類は高かったため、日常のおかずは野菜が主となりました。

朝食は炊きたてのごはんに味噌汁と納豆、漬物。昼と夜は冷や飯、おかずは野菜の煮物、時には納豆、油揚げか焼き魚などであったろうと、農学者で食に詳しい橋本直樹氏は解析しています（橋本 2015年）。1日に白米600g食べると、それだけでもカロリーは2100kcalとなります。

卵を産まなくなった鶏は神社で放し飼いに

一方で、経済の発展に伴って暮らしが豊かになってくると、庶民にも料理や食を楽しむという風潮が浸透しました。当時の落語にも、そうした庶民の食を楽しむ姿が描かれています。落語「長屋の花見」の噺では、貧乏長屋の住民が、酒の代わりに薄めた番茶、かまぼこの代わりに大根、卵焼きの代わりの沢庵で、花見を楽しむ様子が出てきます。

江戸後期には飼われる鶏のほとんどが採卵用となりますが、鶏が年をとって卵を産まなくなったとしても、肉として食べることは好まれませんでした。鶏は神の身内と考えられたため、社寺の境内にそっと放ち、放し飼いにされることが多かったようです。

現在でも、この慣習は一部に残っており、たとえば、名古屋市にある熱田神宮にも誰かが勝手に奉納した鶏が半ば野生化しています。夜には樹木に登っています。最近では、木の上を寝ぐらにする2羽が野生化しているだけですが、日常参拝者に愛嬌を振りまき、人気者となっています。

近代化のための卵
——明治時代から大正時代まで

[食の西欧化で文明国の仲間入りを]

文明開化を掲げて産業や暮らしの近代化（＝西洋化）を図ろうとした明治政府は、西欧の文物や文化を積極的に国内に取り入れていきました。

その文明開化の思想は、庶民の食生活にも大きな影響を及ぼしました。明治4（1871）年に明治天皇が肉食禁止令（殺生禁断令）を撤廃する旨を発表したのはその象徴で、肉食＝文明国であることを強調する意味合いがありました。

その背景には、二百年あまり続いた鎖国の夢から覚めて、欧米諸国の進んだ文化にじかに接することになった当時の日本人は、欧米列強に大きく後れを取った原因の一つが、活力源としての食べものの差にあると考えたことがあります。

日本人の貧弱な体から一刻も早く抜け出し、西洋料理を通して欧米諸国の進んだ文明に追いつき、日本人の体格と体力を向上させようと「食の西洋化」を国策として推進しました。とくに、官民あげての「牛肉を食べよう、牛乳を飲もう」のキャンペーンにみられるように、富国強兵と脱亜入欧をスローガンにする明治政府の推奨によって、肉と牛乳は健康と健脳にとって大きな効果をもたらしてくれるカリスマフードとして登場することになりました。

明治10（1877）年には福沢諭吉が牛乳の飲用をすすめ、明治政府もそれを推奨したことから、牛乳の飲用が庶民にも広がってきました。肉食の普及はそれから少し遅れています。明治17（1884）年頃から、陸海軍での肉食の採用をきっかけに普及していき、さらに日清戦争を契機として牛肉缶詰業の勃興などもあり、肉食がより促進されるようになりました。

もともと外来のものに弱く、新しいものが大好きという日本人の国民性にとって、肉食と牛乳の受容はそれほどむずかしくはなかったのです。これらの受容と浸透がスムーズだった背景には、古代から江戸時代まで獣肉と牛乳がひそかに飲食されてきたこと、また明治政府の神道国教化政策に基づいて行なわれた神仏分離・廃仏毀釈によって仏教的なタブーが庶民の間で取り除かれたことがあります。

【卵も食の西洋化に貢献】

肉食・牛乳ほどの派手さはないにしても、卵を食べる習慣は洋風の食生活の広がりに貢献しました。

明治21（1888）年には、読売新聞が2日間（2月29日〜3月1日）にわたって「鶏卵の値打ち」と題した記事を連載しました。ロンドンの新聞記事を抄訳したもので、卵は人体に必要な栄養素をもっとも適量、もっとも味のよい比率で含み、その料理法は500以上あって、世界中でこれを嫌う国はなく、脳を養うのに最適であるばかりか、薬用としても貴重なものであると述べています。

この頃、東京府下に鶏卵問屋は170戸ほどあって、いずれも繁盛しており、年ごとに問屋の軒数も増えていました。

とはいえ、明治末の進物の案内リストの最初に「寒玉子」（寒中に生んだ鶏卵）があげられているところをみると、明治末でもまだ卵が贈物とされるほど貴重品であったことがわかります。冬の卵は日もちがよいことから歳暮として重宝され、歳末になると卵の相場は高値をつけたのでした。

当時の鶏卵消費量は1人年間約15個程度で、現在の約330個と比較すれば、信じられないほど少ない数字です。この時代はまだ卵の保存や輸送が困難であったことから、現在のような大規模な養鶏は発達していませんでした。

明治30（1897）年以降は中国から安い鶏卵が輸入されるようになり、国内養鶏を圧迫することになりました。この輸入卵は「上海卵」と呼ばれ、輸入税の税源にもなっていました。

［卵は西洋料理の食材代表ではなかった］

食の西洋化を先導する食品として牛肉と牛乳があげられていながら、卵が含まれていなかったのはなぜでしょうか。

卵は長期にわたって忌避されながらも少量ながら牛肉や牛乳よりも摂取されてきたこと、鶏は庭先でも飼育できるため卵の入手が簡単であったこと、卵は牛肉・牛乳よりもカリスマ性の低い食品だったことによるのではないでしょうか。要するに、卵は肉や牛乳にくらべると西洋料理の食材というイメージが薄く、わざわざ国策で推奨しなくても、ある程度は摂取するだろうと考えられていたのでしょう。

明治後半から大正時代になると、西洋料理は和洋折衷型の「洋食」に形を変えて東京の中流家庭に入ってきました。ごはんと一緒に食べられるようにアレンジされた一皿料理のとんかつ、カレーライス、コロッケの三大「洋食」が町の洋食屋で人気を集めることになりました。卵を使ったオムライスも和洋が折衷された「洋食」の代表で、洋食屋で人気のメニューの一つとなりました。

日常食となった卵——昭和から現代まで

［高度経済成長期に拡大した卵生産］

日本の卵消費量は、明治時代後半で1人当たり年間15個前後、大正時代に入ると少し増えて20〜25個、昭和は戦前が40〜50個、高度経済成長期に入った昭和35（1960）年でも100個ほどでした。しかも戦前は1個の大きさが52g程度で、いまよりもひと回り小さかったのです。

食糧不足がもっとも深刻だったのは、〝タケノコ生活〟や〝タマネギ生活〟などといわれた戦後しばらくの間ですが、この時期は栄養失調の人がほとんどで、卵は年間10個程度しか食べられていませんでした。そこで、国民の体位向上と健康増進を目標に、食を洋風化し、動物性タンパク質と脂質の摂取を増やそうという栄養改善運動が官民あげて推し進められました。

この頃から日本人の食生活はとくに米国の影響を強く受けはじめ、卵の生産と消費量は急激に増加し、昭和30（1955）年に年間76個だったのが昭和45（1970）年には290個食べるまでになりました。この290個という消費量は、米国、英国、西ドイツに次いで世界第4位という発展ぶりでした。それ以降、卵の消費量は欧米諸国を凌ぐ世界最高水準を保っており、現在では年間333個になっています。

昭和30年代の高度経済成長期に入ると、ケージ養鶏やウインドウレス鶏舎などの導入によって鶏の大規模飼育がはじまり、卵の生産も飛躍的に増大することになり、これが卵の消費拡大を可能にしたのです。

［高度経済成長期に卵が食卓の人気者に］

高視聴率のテレビ番組「笑点」（日本テレビ）で、林家木久扇師匠が一時期、「ココココ、コケッコ、ココココ、コケッコ」と叫んでいたことがありました。これは昭和20年代後半に流行った暁テル子の歌「ミネソタの卵売り」（作詞：佐伯孝夫、作曲：利根一郎）のサビ部分の歌詞です。

三番目の歌詞では、「皆さん卵を食べなさい　美人になるよ　いい声出るよ」と歌っています。この歌詞は、この時代の貧しい食生活を克服すべく、卵の効能に対する大きな期待感を物語っています。食卓の人気者となった卵で社会を元気づけようとの作詞家の思いを感じ取ることができます。

高度経済成長期がはじまる昭和30（1955）年以降、卵はそのおいしさと栄養面が注目されて食卓の人気者となり、庶民の味として定着していきました。この時代に流行った「巨人、大鵬、卵焼き」という流行語は、まさに強い野球チーム「巨人軍」や横綱「大鵬」、物価の優等生である「卵」を、時代の象徴として言い表わした言葉でした。

以上のように、戦後の食材でもっとも大きな変化をみせてくれたのは、食卓への卵の普及であったといえるでしょう。

［養鶏の合理化が卵の低価格化を実現］

昭和30年代の初め頃まで卵は籾殻の入った木箱に詰められて運ばれていましたが、昭和38（1963）年になると、大きな変革としてプラスチック製の卵入れ「卵パック」が登場し、物流現場に大きな変革をもたらしました。

現在の10個単位の量販に変わったのは、このプラスチックパックや紙製のモウルドパックなどの容器の開発によるところが大きく、これが卵の価格にも影響しました。

畜産物はもちろん、魚や野菜、果物も含めたなかで、卵はもっとも合理化が進んでいるといえます。卵には品質の差がなく、等級は大きさだけを基準につけられるからです。つまり規格化しやすいという卵の商品性からきています。

さらには、生まれたばかりのヒヨコの雄雌を瞬時に見分ける技術をもったエキスパートの存在が養鶏の合理化に大きく貢献している点も忘れてはなりません。そのおかげで、私たちは安い卵をたっぷり食べられるようになったといえるのです。

卵の消費量は世界第3位に

ここで、日本における食品群別の摂取量の年次変化をみてみます。図2−7に示したように、1人1日当たり、魚介類は平成2（1990）年に95・3gに達したあと、減少しています。同様に乳類は平成7（1995）年に132・9gに達したあと減少、卵類は平成7年に55・1gに達したあとわずかに減少、一方肉類は平成7年に77・5gに達したあとも、わずかですが増加しています。

以上のような動物性食品の摂取状況ですが、摂取エネルギーはほとんど変わっていません。戦後日本人の食生活の大きな変化は、米離れによってごはんを食べなくなった分、代わりにに畜産物をより多く食べるようになったというのがおおむね正しい見解です。

肉類、乳類、卵類の固形物の割合は、それぞれ77〜82％、13〜14％、25％ですので、乳類の水分含有量が多い点を考慮すれば、肉類の摂取量が実質的に多いことがわかります。

日本人の畜産物の消費量を欧米人と比べると、牛肉で10分の1以下、豚肉や牛乳で数分の一と低い状態です。そうしたなかで卵の消費量だけは先進国のなかでもトップクラスにあります。欧米人の消費量に負けない唯一の畜産物なのです。

平成26（2014）年、世界での年間鶏卵消費量は、第1位が352個のメキシコ、第2位が343個のマレーシア、それに続いて第3位が329個の日本です

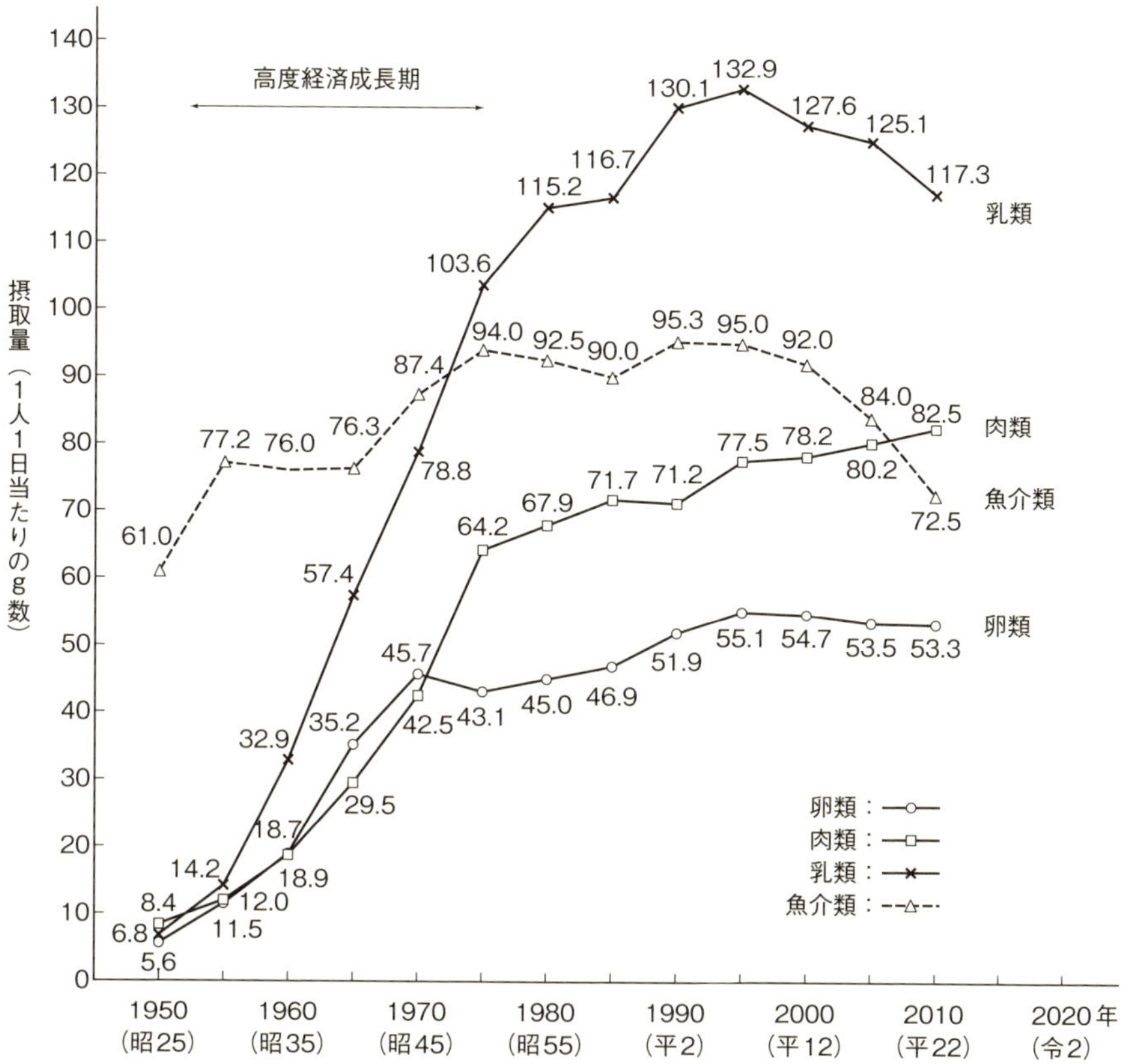

図2－7　日本人の卵類、肉類、乳類と魚介類摂取量の年次推移（1人1日当たりのｇ数）
（平成22年厚生労働省国民健康栄養調査報告、農林水産省「食料需給表」より作成）

（表2－3）。消費が少ないインドでは63個となっていますが、総じてアジア諸国での消費量は著しい増加傾向にあります。一連の新興国や発展途上国での所得増による1人当たりの消費量の増加や人口増の帰結であろうと思われます。

［日本人の平均寿命の延びは卵が支える］

日本人の平均寿命の延びも目を見張るほど大きくなっています（図2－8）。明治中期では男性42・80歳、女性44・30歳でしたが、戦後、男女とも平均寿命が50歳を超え、昭和22（1947）年～昭和30（1955）年の平均寿命の延びはとりわけ大きく、卵をはじめとする動物性食品の摂取が増えた効果が出ていると

表 2−3　主要国の鶏卵消費量（年間 1 人当たり個数）

（鶏鳴新聞「統計情報」より作成）

順位	国	2006 年（平 18）	2008 年（平 20）	2010 年（平 22）	2012 年（平 24）	2014 年（平 26）	2016 年（平 28）
1	メキシコ	351	345	365	335	352	371
2	マレーシア	−	−	−	320	343	−
3	日本	324	334	324	328	329	331
4	ロシア	−	−	−	260	285	295
5	中国	340	333	245	274	255	282
6	アルゼンチン	186	206	239	244	256	273
7	米国	256	248	247	248	261	272
24	ブラジル	132	121	132	−	−	190
31	インド	38	48	57	62	63	66

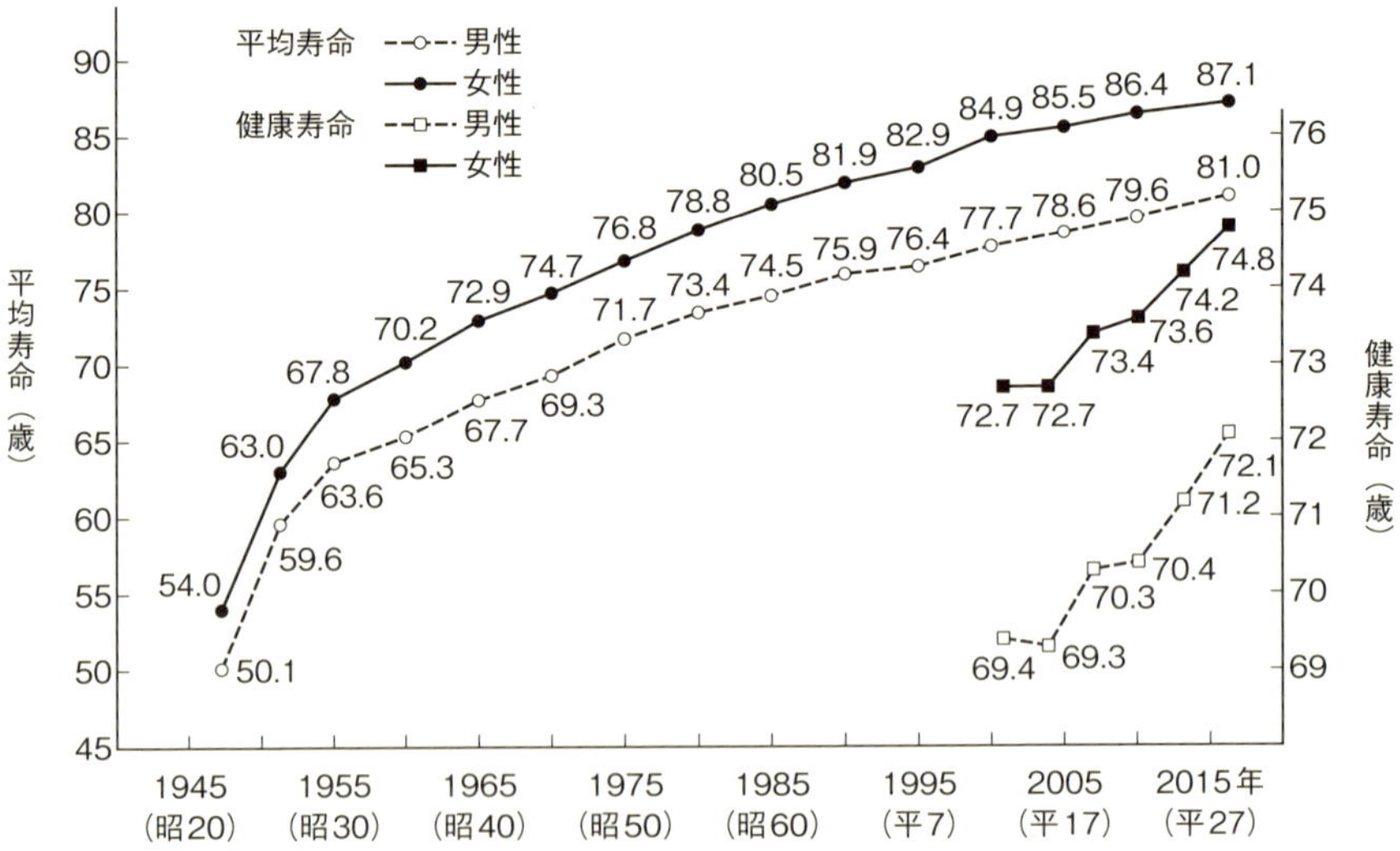

図 2−8　日本人の平均寿命・健康寿命の推移

（厚生労働省資料より作成）

いっても過言ではないでしょう。

さらに日本人が世界一の寿命を記録するのは、女性が昭和60年（80・48歳）、男性が昭和61年（75・23歳）のことで、このときから日本の長寿神話がはじまるのです。

この平均寿命の延びと卵の摂取量の伸びをみると、昭和30（1955）年から昭和60（1985）年頃までその延び具合がほぼ一致しています。昭和50（1975）年以降は卵の摂取量の伸びが停滞しているものの（図2－7）、その間も平均寿命は延びています。

表2－3に示したように、世界の鶏卵消費量の1位と2位はメキシコとマレーシアです。

2015年の平均寿命はメキシコが76・68歳で世界46位、マレーシアが75・2歳で世界71位です。卵の摂取効果が直接的に平均寿命に現われているわけではありません。これには食環境が影響しているともいえます。

メキシコでは肥満体の多さが平均寿命に影響しています。成人のBMI25以上の太り気味の割合が68％という国柄です。一方、マレーシアはそれまでの平均寿命の延伸速度からみて、卵の摂取効果が現われてきているとみることができるでしょう。

【平均寿命と健康寿命の差を縮めるために】

厚生労働省の発表では、平成28（2016）年に日本人の平均寿命は男性が80・98歳、女性が87・14歳と過去最高を更新し、国際的にトップクラスを維持しています。社会情勢に変化がなく、さらにきちんとした食生活を維持することができれば、男性の平均寿命は85歳を超え、女性も90歳を超えることもありえるでしょう。

このように日本が長寿国である要因は、日本食（和食）がほかの国の食事とくらべて、もっとも理想に近い栄養バランスを保っていることです。

しかし、経済成長期以降、食の欧米化が進行したことから、生活習慣病の発症率が高まっていることも事実で、「健康寿命」という新たな指標に関心が集まっています。

健康寿命とは、WHO（世界保健機関）が平成12（2000）年に発表した概念で、日常生活において介護を必要とせず、自立した生活ができる生存期間のことです。つまり、平均寿命から介護されていた年数を引いた年齢が健康寿命となります。

平成30（2018）年に発表された平成28（2016）年の健康寿命の推計値は、男性が72・14歳、女性が74・79歳で、前回調査の平成25（2013）年の推計値より男性は0・95歳、女性は0・56歳延びています。平成28年の平均寿命と健康寿命の差は、男性は8・84年、女性は12・35年でした。この間は「不健康な期間」とされ、医療や介護が必要となる可能性があります。

今後、この「平均寿命」と「健康寿命」との差を改善し、健康寿命をさらに延ばしていくために、これまで以上に卵の役割が大切になってくるものと思います。

卵のワンポイント Lecture

クスリとしての卵酒と卵油

卵については古来、そのクスリ的な効果が述べられてきましたが、その代表は卵酒と卵油です。元禄時代の『本朝食鑑』によると、江戸時代の「卵酒」は「鶏卵酒」とも呼ばれ、滋養強壮のための薬酒とされていました。それによると、「鶏卵1個を割ってこれを熱した酒の中に入れ、箸でよくかき混ぜて温かいうちに飲む」「精を益し気を壮にし脾胃を調える」と製法と効果が述べられています。

卵酒を題材にした名句には、まず与謝野蕪村の一句「いざ一杯まだきににゆる玉子酒」があげられます。さらに、高浜虚子の「かりに着る女の羽織玉子酒」と尾崎紅葉の「我背子が来べき宵なり玉子酒」は、卵酒を冬の季語とした名句で、この時代に清酒をベースにして飲まれた薬用の卵酒がほのぼのと表現されています。

一方、卵油の製造法が公開されている通称「赤本」の『家庭に於ける実際的看護の秘訣』は、築田多吉によって大正14（1925）年上梓された超ベストセラーです。古来、漢方薬では有精卵の卵黄油を重用してきました。

その卵黄油をつくるには、卵を割って卵白と卵黄に分け、卵黄だけを鉄のフライパンで1時間半から2時間ほど炒ります。するとまっ黒くボロボロになった後で油分が浮いてきます。その油分をカプセルにつめるとできあがりです。

第3章

長生きの人たちが毎日食べている卵

――栄養・健康機能からみた卵

Ⅰ いまも誤解されている卵黄コレステロール

コレステロール摂取量の半分が卵黄から

卵を食べる際に付いて回るのはコレステロール（図1－7）に対する心配です。いまでも、卵といえば、その摂りすぎばかりが話題の中心になりがちです。それは、コレステロールに対する誤解から、卵に対する抵抗感が日本人にはまだまだ根深く残っているからでしょう。卵と聞くと、「卵＝卵黄コレステロール＝健康に悪い⇒食べるのを控える」という思考パターンによる思い込みがあるのです。

一般消費者にアンケートしてみると、卵を嫌いな理由として「コレステロールが高いから」がもっとも高くあげられ（キユーピー㈱『たまご白書』２０１７年）、とくに高齢者では90％近くの方が「卵を食べると血中コレステロールが上がる」と回答されるのが現状です（田中 ２０１７年）。

表３－１に示したように、コレステロールはすべての動物性食品に含まれていますが、卵では卵黄部分に圧倒的にその量が多いのは確かです。一方、植物性食品には、焼きノリに少量含まれている以外は、ほとんど含まれていません。

日本人が１人１日当たり摂取しているコレステロールの量は、「平成25年国民健康・栄養調査報告」によると、20歳以上の平均値で男性は３３８mg、女性は２８２mgです。この摂取の源は約50％が卵類、約25％が魚介類、約12％が獣鳥肉類となります。

このように、日常の食生活においては卵からのコレステロール摂取量がほぼ半分を占めていることから、卵黄がもっとも問題視されてきたといえます。

生命維持に不可欠なコレステロール

私たちの体が必要とするコレステロールの量は１日に１～２ｇ程度ですが、その70～80％は肝臓でつくられたものであり、食事由来は20～30％程度にすぎません。

コレステロールを多く摂取すると肝臓でのコレステロール合成は減少します。逆にその摂取が少ないとコレステロール合成が増加して、体の隅々への補給が一定量に保たれるように調節する体内のしくみが働きます。そのため、コレステロール摂取量が直接血中総コレステロール値に反映されるわけではありません（厚生労働省２０１５年）。

コレステロールは人を含めた動物の栄養代謝において重要な物質です。すなわち、副腎皮質ホルモンや性ホルモン、胆汁酸、かつビタミンＤの前駆体（ある物質が生成する前の段階の物質）として利用されます。また、胎児期及び乳児期における脳神経系の発達や細胞膜形成の成分としてコレステロールが不可欠です。

注意欠陥・多動性障害のある子どもはコレステロール値の低い傾向があり、また大人でもコレステロール値が低いと、不安神経症・パニック障害やうつ病、脳出血、さらにはがんを誘発しやすくなる傾向がみられます。

１日〜２ヵ月齢の母乳は10〜20mg／１００mlのコレステロールを含んでいます。このことは、母乳栄養によるコレステロール摂取が乳児にとって生理的に重要であることを示しています。

一方、高齢者においては肝臓でのコレステロール合成力が低下していることから、卵黄コレステロールの摂取が重要になってきます（矢島１９９７年、菅野ら２０１５年、渡邊２０１６年）。コレステロールは柔軟性のなくなった細胞膜を修復し、生理学的に正当な機能を回復させてくれるからです。

表３−１　動物性食品のコレステロール含量
（文部科学省「日本食品標準成分表」）

食品名		コレステロール含量（mg/ 可食部 100g）
鶏卵	全卵	420
	卵黄	1400
	卵白	1
ウズラ卵	全卵	470
牛乳		12
バター（無塩）		220
プロセスチーズ		78
ニワトリ	若鶏　むね	70
	ささみ	67
	心臓	160
	肝臓	370
かずのこ		370
たらこ		350
あさり		40
するめいか		270
まだこ		150

悪玉説は実験設定に間違いのもとがあった

世界中で何の疑いもなく50年以上の間信じられてきた卵コレステロールの悪玉説ですが、その言い分は次のようなものです。

「卵は１個当たり約２００〜２２０mg程度の

コレステロールを含んでいる。血清コレステロール値が高いほど、動脈硬化症疾患のリスクは高まる。したがって、コレステロールを多く含む卵は食べないようにしよう」といった具合です。

ヒトの生命を維持するために必要不可欠な存在であるにもかかわらず、コレステロールが悪者になったのは、このように冠動脈疾患の危険因子とされてきたからです。

こうした誤解を生むきっかけとなったのが、1913年にロシアのアニスコフらが発表したウサギを使った実験の結果でした。それによると、ウサギにコレステロールを摂取させたところ、アテローム性動脈硬化(動脈の壁の中に脂肪などで構成される沈着物ができて血流が阻害される病気)を発症したというのです。そのことから、それ以降「コレステロールが動脈硬化の原因」という学説が定着したのです。

そもそも、草食動物であるウサギの餌となる植物にはコレステロールは含まれていません。そのため、ウサギは体内で餌由来のコレステロールに対する制御機能をもっていないのです。もうおわかりのとおり、この実験の設定自体に大きな間違いがあり、それが大きな混乱を起こすもととなったのです。

世界で標準化した米国心臓協会の食品摂取基準

一方、米国では心臓病による死者の増加が深刻な社会問題となり、動物やヒトでのコレステロール摂取と冠動脈疾患発症との因果関係の研究が多方面で行なわれました。その結果、この発症要因はコレステロールの摂取量の多さに基づく血清コレステロール値の上昇にあると指摘されました。

そのため、1968年に米国心臓協会が作成した食品摂取基準でも、1日にコレステロール摂取量を330mg以下に抑えること、また1週間の摂取量を卵3個までに抑えることとなっていました。この基準が世界に定着し、常識のようになりました。

なお、LDL(低密度リポタンパク質)は肝臓でつくられたコレステロールを体の隅々にまで運ぶ役割を担っています。しかしながら、余分なコレステロールは血管の壁に溜まって動脈硬化症を引き起こすことになるため、「悪玉」と呼ばれています。

一方、HDL(高密度リポタンパク質)は血管の壁に溜まった余分なコレステロールを引き抜いて肝臓に戻すという役割を担っていることから、「善玉」と呼ばれています。

最近の研究では、それらの量自体が問題なのではなく、それらのバランスを表わすＬＨ比（ＬＤＬコレステロール量／ＨＤＬコレステロール量）が重要で、その値が１・５以下で健康状態であるとされています。逆にＨＤＬコレステロール値は低すぎることのほうが問題です（菅野 ２０１６年・２０１７年）。

卵黄コレステロール悪玉説を説明できない疫学調査

このような卵黄コレステロールの悪役説に対して、多くの調査・研究が行なわれました。

米国ハーバード大学のHuらは10万人以上の健常男女を対象にした8～14年間の調査を行ない、１日１個以上の卵の摂取と冠動脈疾患や脳卒中罹患との関連性は見出されなかったとしています（Hu *et al.*, 1999）。

さらに、卵の摂取量と血清ＬＤＬコレステロールとＨＤＬコレステロールの変化を調べた17の研究（24の食事比較）をまとめた報告もあります（Weggemans *et al.*, 2001）。被験者は男性４２２名、女性１３４名、年齢18～75歳、ＢＭＩ20・８～28、総コレステロール１５７～２２９mg／dlの人々です。血清コレステロール値からみて少々高めの人が入っています。

図３−１に示したように、全体として卵をたくさん食べるほどＬＤＬコレステロールもＨＤＬコレステロールも、ともに上がるという結論になっています。

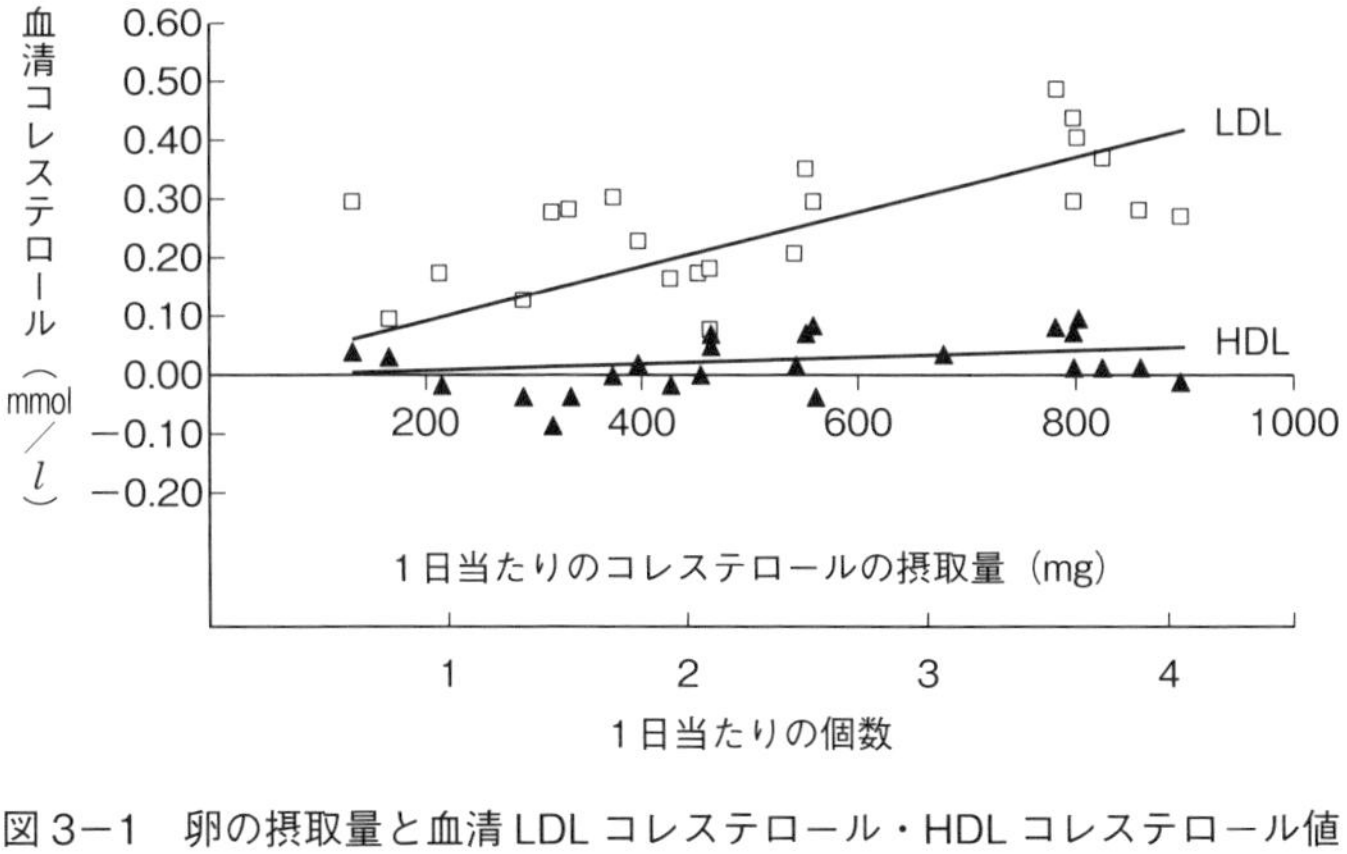

図３−１　卵の摂取量と血清 LDL コレステロール・HDL コレステロール値との関係　（RM.Weggemans *et al.*, 2001）

具体的には、卵1個の摂取でLDLコレステロールが3・9mg／*dl*、HDLコレステロールが0・6mg／*dl*上昇するとされました。

この成果のなかでは、LDLコレステロール値とHDLコレステロール値の比が、確かに卵黄コレステロールの摂取量に応じて増加しているとみなされます。しかし図3―1のLDLコレステロール値のバラつきからは、上記の結論が的確かどうかは判断できません。

なお、総コレステロール値は食事のなかの多価不飽和脂肪酸と飽和脂肪酸の比によっても影響が現われることから、飽和脂肪酸の摂取が多いと総コレステロール値が上がることにも注意を払う必要があります。

続いて、卵の習慣的な摂取量と冠動脈疾患の発症率との関係を調査したコホート研究結果（計9件、うち米国6件、日本3件／総対象者数、26万3938人、平均追跡期間11・7年）をみてみると、図3―2のように、卵1日1・5個程度の摂取と疾患の発症リスクには関連がみられませんでした（Rong *et al.*, 2013）。この調査では、卵摂取量が1日に1・5個までの結果が主体で、それ以上の摂取量のデータは1点のみでした。したがって、この結果は、卵黄コレステロール悪玉説を説明したものではありません。

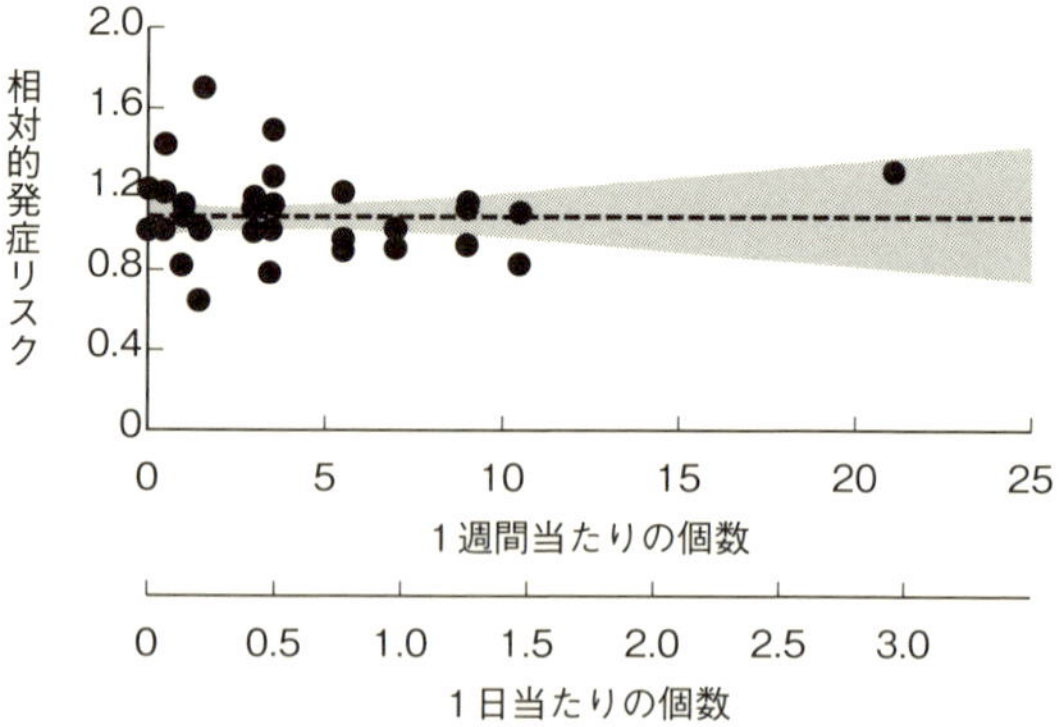

図3―2　卵の摂取量と冠動脈疾患発症リスクとの関係
（Y.Rong *et al.*, 2013）

一方、日本では東海大学医学部の本間康彦氏らが、2001年に健常な日本人男女110名を対象に、乾燥卵黄（コレステロール750mg／日、卵黄3個分相当）を4週間摂取させ血清脂質濃度を測定しました。その結果、血清総コレステロールやLDLコレステロール、トリグリセリドの各濃度に変化は認められなかったとしています。コレステロール摂取に対する血清コレステロール値の応答にはかなりの個人差があり、上昇した人が全体の約3分の1、逆に低下した人が約3分の2でした。この違いは体質因子（遺伝性要因）と生活習慣因子によるものと思われます。

卵を控えてもコレステロール値が急には下がらない人もいる

社会予防疫学を専門とする佐々木敏氏は、図3－2などのプロットからみて、1・5個程度の卵の摂取量の結果よりも、むしろ0・5個以下の摂取量の場合に冠動脈疾患発症率が高い人がいることに注目しています。つまり、卵の摂取量が少ないにもかかわらず発症率が上がる。逆にいえば摂取量が多くても発症率は上がらずに逆に下がることがあるということです。これを「因果の逆転」と呼んでいます。

元来、ほとんどの人は「卵を食べると血清コレステロールは上がる」と思い込み、とくに血清コレステロールが高い人は卵を控える傾向があります。

しかし、意識的に卵を1個以下に控えても、自己の体質と生活環境の影響から血清コレステロール値は高く維持され、冠動脈疾患発症リスクも高くなることがあるのです。このことがデータのプロット上にはっきりと現われています。要するに、検査期間中に少々卵の摂取を下げても、体質的に血清コレステロールが急には下がらずに、その結果発症率が上がることがあることを意味しているのです。とくに、高齢者を主体にした検査結果ではこの現象は生じやすいのは事実です。

日本の研究成果にみる「因果の逆転」現象

厚生労働省研究班の研究において、中村らは日本人男女約10万人（40～69歳）の10年間の追跡調査を実施。血清総コレステロール値によって5グループに分け、冠動脈疾患発症及び脳卒中罹患リスクをくらべました。その結果、血清コレステロール値が高いほど、それらの発症・罹患リスクが高くなっていました（図3－3、Nakamura *et al.*, 2006）。これらは通常予想できる結果です。

さらに、卵摂取頻度によって4グループに分け、冠動脈疾患発症のリスクをグループ間で比較しました。すると、卵の摂取が週1日以下のグループが、ほとんど毎日食べるグループよりも発症リスク（ハザード比）が高くなっており、しかも血清コレステロールもわずかですが高くなっていました（図3－4）。

週１日以下のグループの場合、血清コレステロール２２０mg／dl以上（高コレステロール血症）の人の割合が33・５%であるのに対して、毎日食べる人の場合の割合は27・５%でした。この結果をみると、元来血清コレステロールの数値の高い被験者が卵黄コレステロールの摂取を避けたことによって、「因果の逆転」現象が結果として生じていることがわかります。卵の摂取頻度による血清コレステロール値への影響における差は、体質因子（遺伝性因子）や生活習慣によっていると思われます。

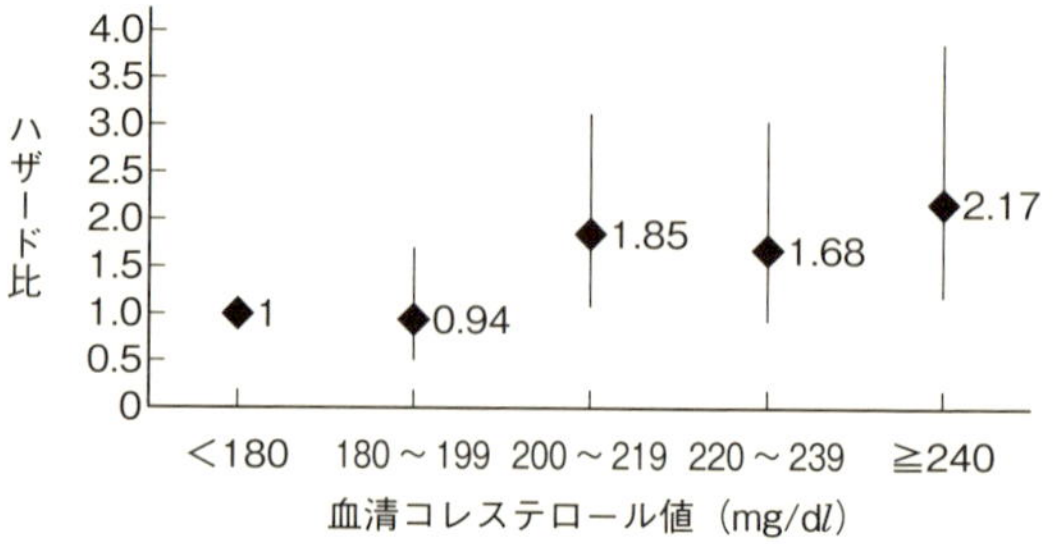

図３−３　血清コレステロールと冠動脈疾患発症・脳卒中罹患リスクとの関係　（Y. Nakamura *et al*., 2006）

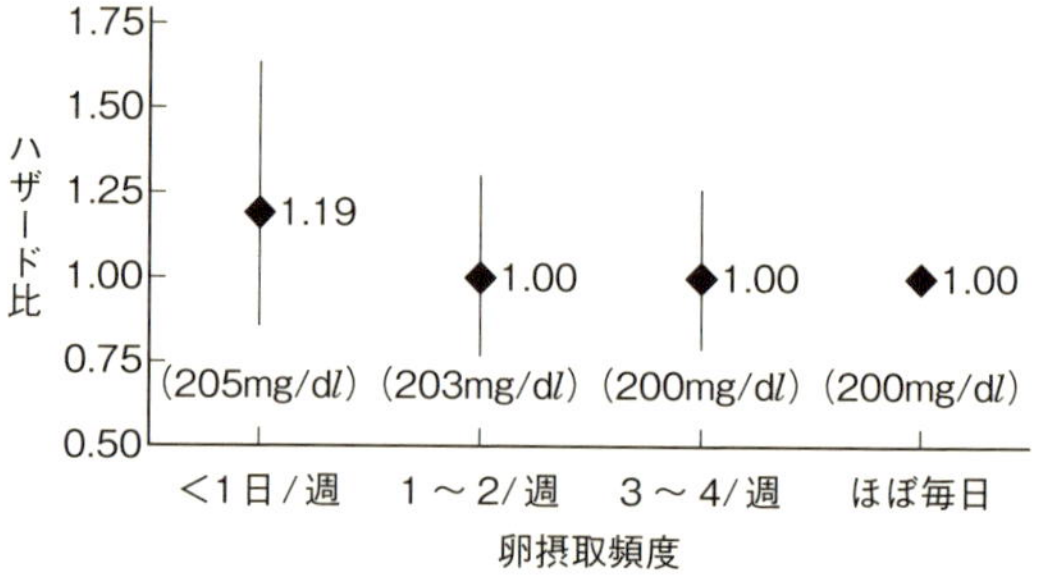

図３−４　卵摂取頻度と冠動脈疾患発症リスクとの関係
（Y. Nakamura *et al*., 2006）
（　　）内の数字：血清コレステロール値

卵成分は血清コレステロール値を下げる

その一方で、卵を多く食べても総コレステロールが上昇しないか、逆に低下するという人もいるのです。体質も影響していると考えられますが、上昇しないという要因として、卵黄コレステロールとともに摂取する卵中の多価不飽和脂肪酸やリン脂質、ビタミンＡ、さらにはメチオニンのような含硫アミノ酸を多く含む卵白タンパク質の働きも重要です。

総コレステロール濃度が２１０〜２２０mg／dlの台湾の女子大学生を対象に、それぞれ卵白、豆腐、プロセスチーズの摂取グループに分けて比較した研究があります。これらを27〜33日間摂取したあとの血清脂質測定では、卵白摂取グループはＨＤＬコレステロール値がほかのグループよりも有意に上昇し、ＬＤＬコレステロール値は有意に低下しています（Asato *et al*., 1996）。

卵白タンパク質には血中コレステロール濃度を抑制する作用があります。卵白タンパク質が肝臓のコレステロール分解系の働きを促進し、コレステロールの体外排泄を促進すると同時に、肝臓から血中へのコレステロールが放出されるのを抑える作用が考えられています（小田ら２００１年）。

１日３個の卵で血中コレステロールの質が改善

これまで述べてきた内容では、おもにＬＤＬとＨＤＬの量に視点を置いていましたが、それらの質についても考えておかねばなりません。

ＬＤＬのなかでも酸化型ＬＤＬ（血液中のＬＤＬが酸化した形）や小型ＬＤＬは、動脈硬化をより悪化させる作用をもち、ＨＤＬでも冠動脈疾患患者の場合はその質的悪化が懸念されています。コレステロールを含む粒子のサイズが小さくなるほど酸化しやすく、血管に沈着しやすくなります。したがって、ＬＤＬとＨＤＬのサイズが大きくなるのは、コレステロールの質がよくなることを意味しています。

健康な若い男女38名（18～30歳、ＢＭＩ18・５～29・９）の調査では、１日３個の卵を食べると血清コレステロールの性質が改善されると示されました（DiMarco *et al*., 2017）。２週間の卵抜きの生活のあと、１日１個、１日２個、１日３個というように４週間にわたって順次卵の摂取を変えて、期間ごとに血液検査を実施しました。

その結果、卵を１日３個食べた場合が一番有意にＬＤＬとＨＤＬの粒子サイズが大きくなり、さらに血漿中の抗酸化物質（カロテノイドと抗酸化性酵素）が増加する効果が確認されました。このことから、１日３個の卵を食べるとＬＤＬとＨＤＬが質的にも改善され、冠動脈疾患などのリスクを軽減させるという結論が導き出されました。

日米食生活ガイドラインにみるコレステロール摂取量

以上のように、卵黄コレステロールの摂取量の影響については、必ずしも一致していない向きもありますが、多くの研究成果を受けて「２０１５年版米国人のための食生活ガイドライン」が策定されました。

その諮問委員会の報告書では、「コレステロール摂取量と血清コレステロール濃度との間に明確な相関を示す証拠がないので、これまでのコレステロール摂取量が1日当たり300mgを超えないようにという推奨を採択しない」と結論づけています(菅野 2016年)。

ところが、2016年に出された米国のガイドラインでは「ガイドラインに適用できるコレステロールの摂取量の限度については定量的かつ確実な証拠はない」とみなしながら、「ただし、摂取量はできるだけ少なくすべき」と、トーンダウンした記述になっています。

一方、日本人の食事摂取に関するガイドライン「日本人の食事摂取基準」2005年・2010年度版では、生活習慣病予防のために摂取すべきコレステロールの目標量を18歳以上の男性で750mg未満、女性で600mg未満と定めてきました。

2015年度版ではこれらの目標量を撤廃しました。これは十分な科学的根拠が得られなかったためですが、動脈硬化性疾患を有する場合にはその摂取量に留意が必要であるとしています。

このように、日米の両ガイドともに摂取量の上限については規定していませんが、現在でもコレステロール値の高い人は、卵の摂取量をある程度控えるほうが望ましいとしています(菅野 2017年)。

卵は毎日何個まで食べてもよいか

卵を毎日25個ずつ食べ続け、88歳になるまで元気に過ごしたという男性の事例が米国の専門誌(The New England Journal of Medicine)に紹介されていました。彼の体の中を研究者たちが徹底的に調べたところ、食事として摂ったコレステロールのほとんどが胆汁という消化液になり、便とともに体外に排泄されていたとのことでした(F. Kern, 1991)。

この現象は一般化できるものではないでしょうが、卵は1日に何個までなら食べてもよいでしょうか。

前述したように、健康な人であれば1日2個までならば事実上ほとんど問題はないでしょう。さらに、前述のようにLDLとHDLの質への影響を考えれば、1日3個までとすることも可能でしょう。

しかしながら、3個以上の卵を摂取しても問題なしとするには、まだまだ長期にわたる疫学調査が必要です。血中のコレステロール値が高めと診断された脂質異常症の人であれば、摂取するコレステロールは低めに抑えたほうが無難です。

今後は健康な人であれば、健康を維持するために1日2個程度の卵を摂取することが市民権を得ることになるでしょう。卵1個には約210mgのコレステロールが含まれていますが、レバーの焼き鳥2本分（60g）でもコレステロールは222mgになります。したがって、ほかの食品の摂取とのバランスを考えながら判断されるべきものでしょう。

卵黄コレステロールを下げる工夫

卵黄コレステロールを下げる技術として、産卵される前に鶏の体内でコレステロールの生合成を低減化する方法、また産卵されたあと卵黄からコレステロールを抽出・除去することによって低減化する方法があります。

しかしながら、卵黄中のコレステロールはヒナの孵化・発育に不可欠の成分であり、その含量を低下させることはむずかしいのです。それでもなお、養鶏場では採卵鶏の飼料を調整することで卵黄コレステロールの含量を低減化させる試みがなされています。

最近では、中国で薬草とされる松葉、あるいはヨモギを飼料に混ぜると、前者では約7％、後者では約17〜25％低下するとの報告があります（菅野　2016年）。また、ガーリックの粉末も有効であるとされています。

近年、その機構まではわかっていませんが、脱気水（溶け込んでいるガスを取り除いた水）を採卵鶏に与えるとコレステロール含量が20％ほど低い卵が得られるとされ、実際にそうした卵が商品化されています（多賀　2017年）。

一方、超臨界流体の二酸化炭素を用いて、産卵後の卵黄からコレステロールを取り除く技術も食品工業において開発され、このコレステロール除去卵黄を用いてマヨネーズタイプの製品も開発、市販されています（長谷川　1998年）。

こうしたコレステロールを低減化した卵や加工製品は、遺伝的にコレステロール値の上昇しやすい体質の人には効果があるでしょう。

2　長寿・健康食としての卵

卵は生命を活性化するもと

明治維新で禄を失った尾張藩士の海部壮平と正秀の兄弟は、サムライ養鶏の先駆者として知られています。

ある日の二人の会話です。

「兄上、聞けば義姉は乳の出が悪く、お悩みになっているとか。この卵は美味なうえ、いたって滋養豊富な食べものです」と、正秀は兄・壮平にすすめました。実際、義姉のすみは三度の食事もままならないため、乳の出が悪く、生まれたばかりの長女が癇癪を起こして夜泣きがやまず、疲れ果てていたのです。

しかし、重湯に卵を割り入れ、それを4、5日続けて食べると、見違えるほど乳の出がよくなり、夜泣きがぴったりとやんだのです。「わたしの乳の出もよくなったし、卵は滋養分の多い食べもののようです」（藤澤 1999年）。このような会話から、卵の摂取によって母親の体内で乳成分の生合成がすすんだものとみて取ることができます。

一方、世界最高齢であったアメリカのスザンナ・ジョーンズさんという女性がいました（2016年5月に116歳で逝去）。さすがに110歳を超えて視力や聴力の衰えはみられたものの、一度も寝たきりになることなく、毎朝ベーコンとスクランブルエッグを食べながら比較的元気に暮らしていたといいます。

さらに、その後世界最高齢に認定されたイタリア人女性エマ・モラノさん（2017年4月に逝去）は、2016年11月に元気に117歳の誕生日を迎えましたが、彼女の場合も若い頃から生卵を食べ続けてきたそうで、卵が長寿をもたらしたことは間違いないと思われます。

鶏卵消費量の増加が日本人の体位向上に貢献

現代は日本人男性の4人に1人、女性の2人に1人が90歳まで生きる長寿の時代です。このように日本人が長寿に至った理由として3つのことがあげられます。

1つ目は環境が衛生的になってきたこと、2つ目は日本人の栄養状態がよくなってきたこと、そして3つ目は医学の進歩です。そのなかで特筆すべきなのが栄養状態の改善です。とくに畜産食品の摂取量の増加はそれまでの栄養状況を大きく変えました。その畜産食品のなかでも、脇役の卵の摂取量がポイントとなっています。

日本人が明治維新以降も食べ続けてきた伝統的な日常食は、米や麦、雑穀、大豆などの穀類が中心で、それに副菜や汁物の具として野菜類を摂るのが普通でした。現在のように食肉や魚介類、卵、食用油などの良質なタンパク質や脂肪を摂ることはごくまれで、全体の栄養バランスの点で十分な食事ではありませんでした。

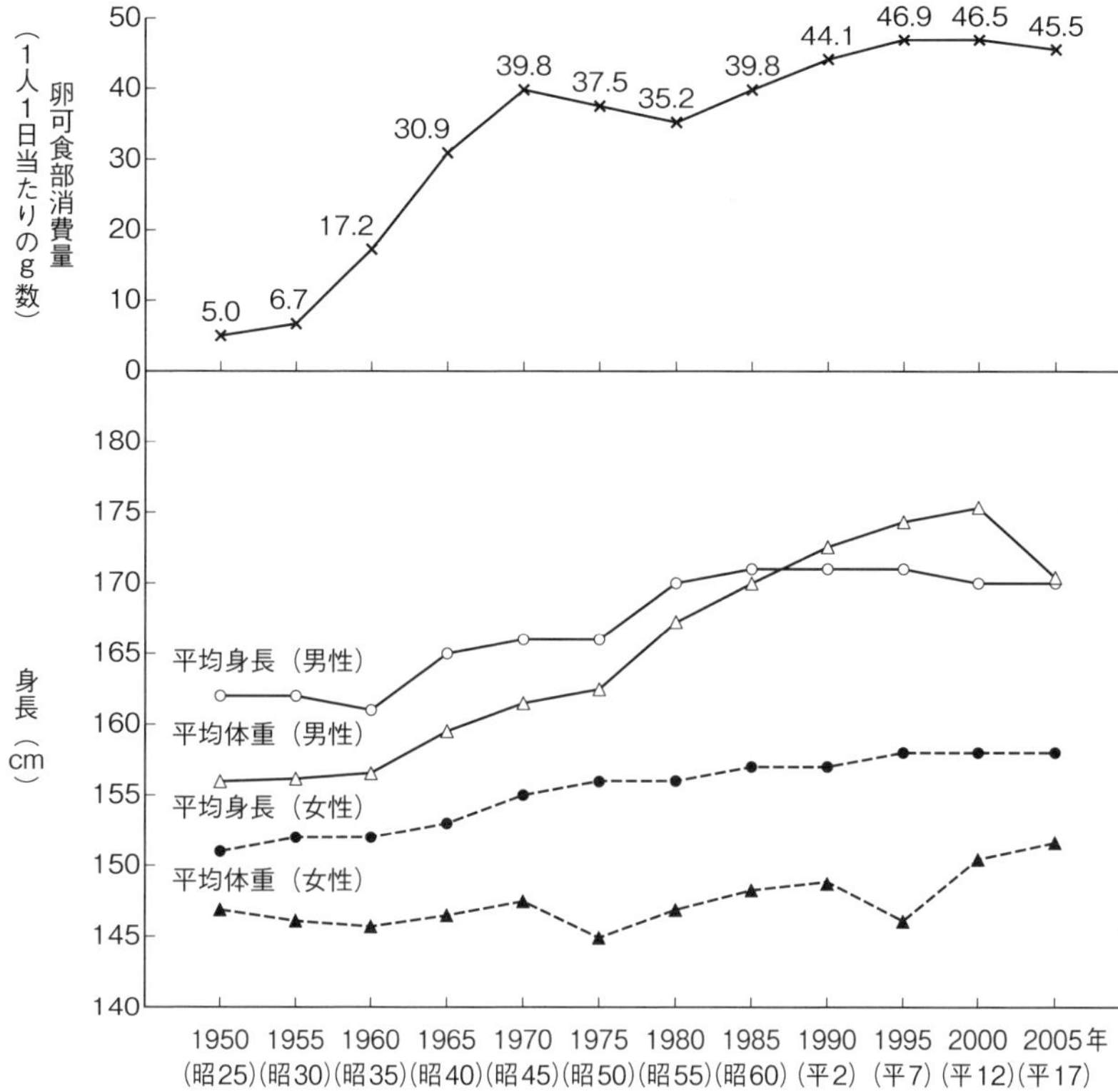

図3−5　日本人（20歳）の平均身長・平均体重と卵可食部消費量の推移
（厚生労働省「国民健康・栄養調査報告」より作成）

こうした食事パターンは第二次大戦直後で大きく変わり、日常食に不足しがちなタンパク質や脂肪を補給するのに、集団給食という新しい食事方式が役に立ちました。

その一つが、戦後全国の学童を対象に始まった学校給食です。これを全国の児童・生徒が、その成長期にあたる9年間食べたのです（ただし、中学校は学校給食未実施地区も多くある）。その結果、栄養改善がすすんだことにとどまらず、おかずの洋風化もすすむことになりました（84〜85頁のコラム参照）。

戦後は主食の米の消費量は戦前にくらべておおむね半減し、代わりにパンの消費量が増え、そして畜産食品と油脂類が大幅に増えました。このような食生活における栄養改善によって、過去には国民病といわれた結核・肺炎などの感染症や脳内出血の死亡率を大幅に下げることができ、平均寿命の持続的な延伸をもたらしたといえます。

肉や乳を主体とする完全な欧米型ではなく、伝統的な穀類中心の食生活に卵や魚を取り入れたほどほどに欧米化した日本食が、栄養バランスの改善につながり、近年の日本人の長寿をもたらしたのです。

また、日本人の体位も戦後大きく向上し、平均身長もかなり高くなりました。男性の20歳の平均身長は昭和25年の161・5cmから、平成17年には169・8cmへと8・6cm、3・5%の伸びを示し、かたや女性の20歳の平均身長も、同時期に150・8cmから158・3cmへと7・5cm、4・7%の伸びを示しています。一方、体重の同時期の増加率は男性で11・7%、女性で4・5%の伸びとなっています。

しかしながら、以上のような右肩上がりの変化の傾向は、平成7（1995）年頃以降に止まったようです。その頃はちょうど鶏卵消費量増加のピークに達した時期であり、卵が体位向上に果たした役割をみて取ることができます（図3-5）。

卵が日本人の寿命の延びにも貢献

ここで、第2章の図2-8に記載した日本人の平均寿命の延びに、卵の摂取効果が現われていることを示しておきます。日本人男女の平均寿命と卵摂取量、及び卵タンパク質・卵脂質摂取量との関係を図3-6と図3-7に示しました。

平均寿命とそれらの摂取量との関係は男女ともに正の相関があり、卵（可食部）を毎日40g程度食べていた年よりも、摂取量を毎年上げていき、毎日46g程度食べていた年のほうが5~6歳程度平均寿命が延びている傾向があります。すなわち、毎日の摂取量が卵タンパク質で0・8g程度、卵脂質で0・7g程度ずつ毎年増えていった食生活が、平均寿命の延びにも寄与していたことを表わしています。

従来の植物性タンパク質源と魚だけの日本人の食生活では、世界一の平均寿命は実現していなかったでしょう。肉食が全国的に浸透したことの役割は事実大きいのですが、それに加えて卵の摂取増の効果も見逃すことはできません。

その例として、平成21（2009）年の日本と米国、ドイツにおける動物性食品の摂取量、及びタンパク質、脂質と炭水化物の摂取割合の比較を表3-3に示しました。これをみると、卵類や魚介類の摂取量が先進諸国のなかではトップで、肉類と牛乳・乳製品が少ない

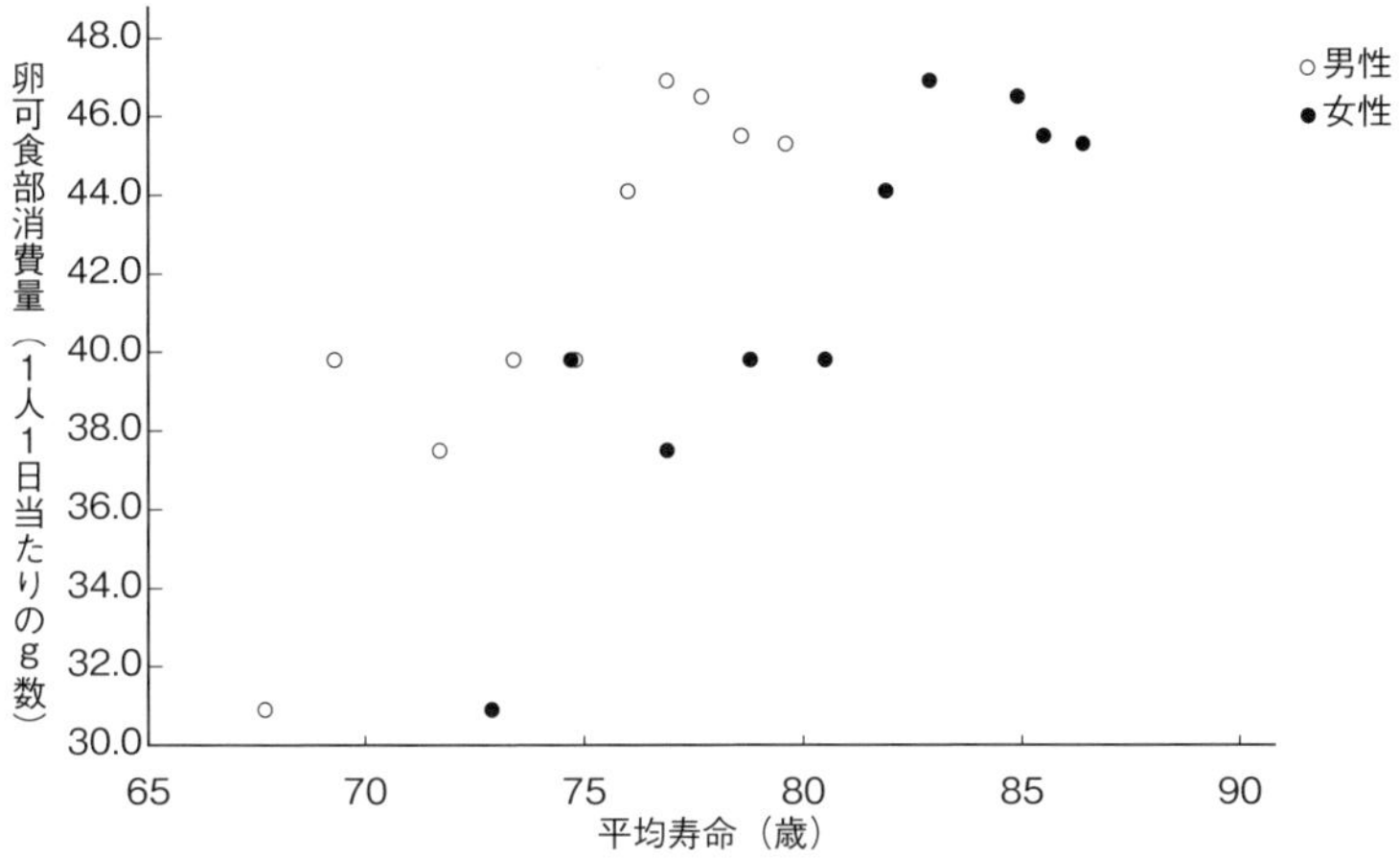

図3−6　日本人の卵可食部消費量と平均寿命との関係
（厚生労働省「国民健康・栄養調査報告」、農林水産省「食料需給表」より作成）

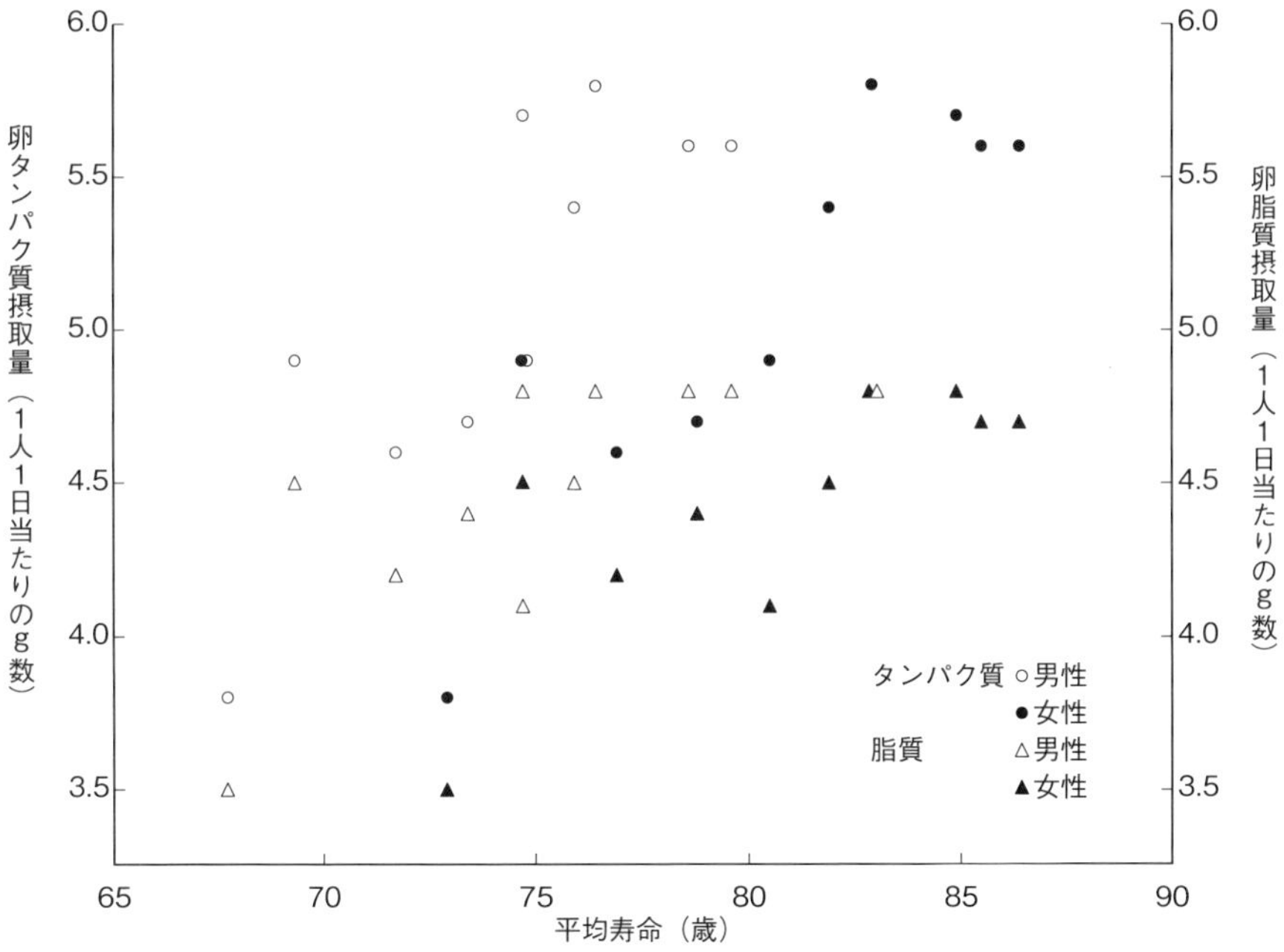

図3−7　日本人の卵タンパク質・卵脂質の摂取量と平均寿命との関係
（厚生労働省「国民健康・栄養調査報告」、農林水産省「食料需給表」より作成）

表3−2　学校給食の献立例（1965年実施）
（『全国小学校給食献立集』（1965年）より作成）

中部			
パン	ミルク	卵のフライ　ヨーグルト　雑煮	夏みかん
パン	ミルク	いためそば	チーズ
パン	ミルク	マカロニグラタン風	
パン	ミルク	しゅうまいの野菜ソテー添え	コーンスープ
パン	ミルク	豆腐入り野菜スープ　トマト	ソーセージソテー
近畿			
パン	ミルク	牛肉のカレー煮	
パン	ミルク	スパゲティミートソース	茹で卵，みかん
パン	ミルク	かやくうどん（スパゲティ）	マーガリン
パン	ミルク	スパゲティの卵とじ	りんご
パン	ミルク	白玉餅のあべ川	かきたま汁
パン	ミルク	鶏肉のからあげ	ボイルドキャベツ

ります。

図2−7に示しましたように、日本人の卵の摂取量は、1960（昭和35）年から1970（昭和45）年に急激に伸びました。この頃の学校給食における卵利用の普及が、日常生活における卵の摂取量の増加の要因となりました。

日本における鶏卵消費量が世界最高水準に達することになったのも、その一因として学校給食への卵の導入があったことは疑うべくもありません。

表3−3　日本、米国とドイツの動物性食品消費量（kg）、及びタンパク質、脂質と炭水化物の摂取割合（％）
（農林水産省「食料需給表」より作成）

国	動物性食品消費量（kg）				三大栄養素の割合（％）		
	卵類	肉類	牛乳・乳製品	魚介類	タンパク質	脂質	炭水化物
日本	19.6	44.9	88.6	56.4	13.0	28.6	58.4
米国	13.9	117.6	282.7	21.6	12.4	41.8	45.8
ドイツ	12.8	87.9	358.3	14.2	12.2	40.1	47.7

注　国民1人・1年当たりの供給量（2001）

Column

学校給食で卵利用普及へ

平成28（2016）年の学校給食の実施率は、小学校で99.2％（1万9510校）、中学校で88.9％（9032校）であり、そのほとんどが主食と副食、それに牛乳を組み合わせた完全給食です。

全国の子どもたちを対象に給食制度が整備されたのは戦後のことです。昭和22（1947）年になってようやくミルク給食が全国の学校で始まりました。

とはいえ、学校給食が教育の一環として市町村単位を基本としたため、その実施率は1960年代(昭和35年以降）になってようやく上がってきたのが実態です。

1965年の小学校での給食の特徴をみると、パンとミルクに副食を組み合わせた形になっています(表3－2)。その副食も洋食のおかずと和食のおかずを組み合わせたものです。献立は子どもたちの1日当たりの栄養摂取量の基準をもとに、動物性タンパク質の摂取についてもしっかりと考慮されています。こうした学校給食を通して、牛乳や肉類などの動物性食品を摂ることの重要性への認識が全国の家庭に浸透したともいえます。

日替わりに和・洋・中の料理を上手におり混ぜ、そこに卵料理も取り入れられている学校給食の献立は、おいしくて栄養バランスもとれていて、子どもたちの健康の増進に大きく貢献してきました。

その頃の卵の使用量としては現状の半分から3分の2程度で必ずしも多くはありませんが、卵料理の献立は、卵のフライ、スパゲティの卵とじ、茹で卵とかきたま汁です(表3－2)。卵フライは茹で卵を油で揚げたもので、家庭での卵料理には馴染みが薄く、目新しいものです。このように動物性タンパク質の摂取に卵が用いられるようになったことは大きな意味があ

日本人の食生活の特徴がみえてきます。こうした食生活の特徴が平均寿命を最高レベルにした要因の一つなのです。

以上のことから、欧米先進国と日本の平均寿命の差は肉や乳、卵と魚の摂取量のバランスにあるといえます。三大栄養素の摂取割合でも、日本のバランスのよさにくらべて、米国とドイツでは脂質の多さと炭水化物の少なさが明白です。

大きさによって変わる卵白と卵黄の割合

卵は栄養バランスがよく、卵アレルギー患者以外の人たちにとって、とくに高齢者や発育期の子ども、また体重管理のためにカロリー制限を行なっている人にとってよい食材です。

しかも卵が嫌いな人が少ないこ

とも栄養源としての価値になっており、日本人の栄養面で重要な地位を占めているといえます。とくに良質なタンパク質と脂質を供給する面での役割は大きいのです。

日本国内の市場にある卵は白玉系が主体ですが、白玉系と赤玉系の卵の栄養価値は同じです。

表3－4に卵のサイズ別の重量、可食部重量とカロリーを示しました。Mサイズの卵1個の重さは58～64gで、その間に6gの差がありますが、卵黄の重さは18・5～20・8gで、その差は2・3g程度というデータがあります。

表3－4　卵のサイズ別重量、可食部重量とカロリー（農林水産省「鶏卵の規格」、文部科学省「日本食品標準成分表　2015年版」より作成）

サイズ	重量（g）	可食部（g）	カロリー（kcal）
SS	40～46	39	59
S	46～52	44	66
MS	52～58	50	76
M	58～64	55	83
L	64～70	60	91
LL	70～76	66	100

卵のサイズには鶏の個体差や年齢、飼育条件などが影響します。サイズが大きくなる傾向があります。サイズが大きくなると、卵白と卵黄の重量がともに大きくなる傾向があります。これまで卵重にかかわらず卵黄は18g前後とされてきましたが、必ずしもそうではないようです。

とはいえ、卵の重量が増すにつれて、卵白の重量は増加していきますが、卵黄はそれほど増えることはありません。したがって、大きい卵ほど卵白の割合が高くなる傾向があります。

卵白と卵黄はそれぞれが特有の栄養成分を含むことから、卵の大きさによって卵白と卵黄の割合が変化するにつれて、卵の栄養価も多少変化することになります。そこで、個人の栄養の要求度に応じて両者をバランスよく摂取することが重要です。

なお、カロリーの点ではMサイズの卵1個で83kcal程度に対してLサイズでは91kcalとなります。

卵は二大栄養食品の一つ

卵と乳は二大栄養食品素材ともいわれますが、両者の生物学的機能は異なります。

乳は本来、生まれた子のための食べもので、その成育に必要なエネルギーや栄養成分を与えるものです。

一方、卵は受精卵であれば一定の条件下において21日間で孵化してヒヨコが生まれます。さらに孵化してから2日ほどは、餌を与えなくても体内に残る卵黄を消化して育ちます。それだけ卵には豊富な栄養が含まれているのです。

ヒヨコの体の細胞をつくるための良質なタンパク質や脂質以外にも、栄養成分としてカルシウムと鉄分などのミネラル、ビタミンA、B_1、B_2、D、Eなどが多く含まれています。

しかしながら、卵はビタミンCの欠損、糖質の少なさなどから、「準」完全食品という位置づけになっています。卵にビタミンCが存在しないのには理由があります。ビタミンCは受精卵が発達して孵化するまでに卵内で少量ですが生成され、さらに孵化後は体内で合成されます。したがって、卵の段階では必要ないのです。ちなみに、ヒトの場合はビタミンCを体内で合成できません。

3 卵のすぐれた栄養のポイント

卵は日本人のタンパク質摂取で重要な役割

大正初めには1日当たりのタンパク質摂取量は60g程度ですが、そのうち約95%が植物性タンパク質で、当時は圧倒的に植物性タンパク質に依存していました。

高度成長期が本格化した昭和35(1960)年以降の日本人の食生活の特徴は、やはり何といっても一気に拡大した動物性タンパク質の摂取量です。その効果もあって平均寿命が短期間で飛躍的に延びたともいえます。

日本人の平均寿命が世界一となった昭和60(1985)年、国民1人当たりの1日の供給タンパク質は総計79・0g、そのうち動物性タンパク質が40・1gで、タンパク質総摂取量のおおよそ半分が動物性タンパク質となっています(図3-8)。

それが、平成27(2015)年には総タンパク質に対する動物性タンパク質の割合が55・5%に増える状況となっています。内訳は畜産物が29・2g、魚介類が13・9gで、畜産物のタンパク質の割合が67・7%と

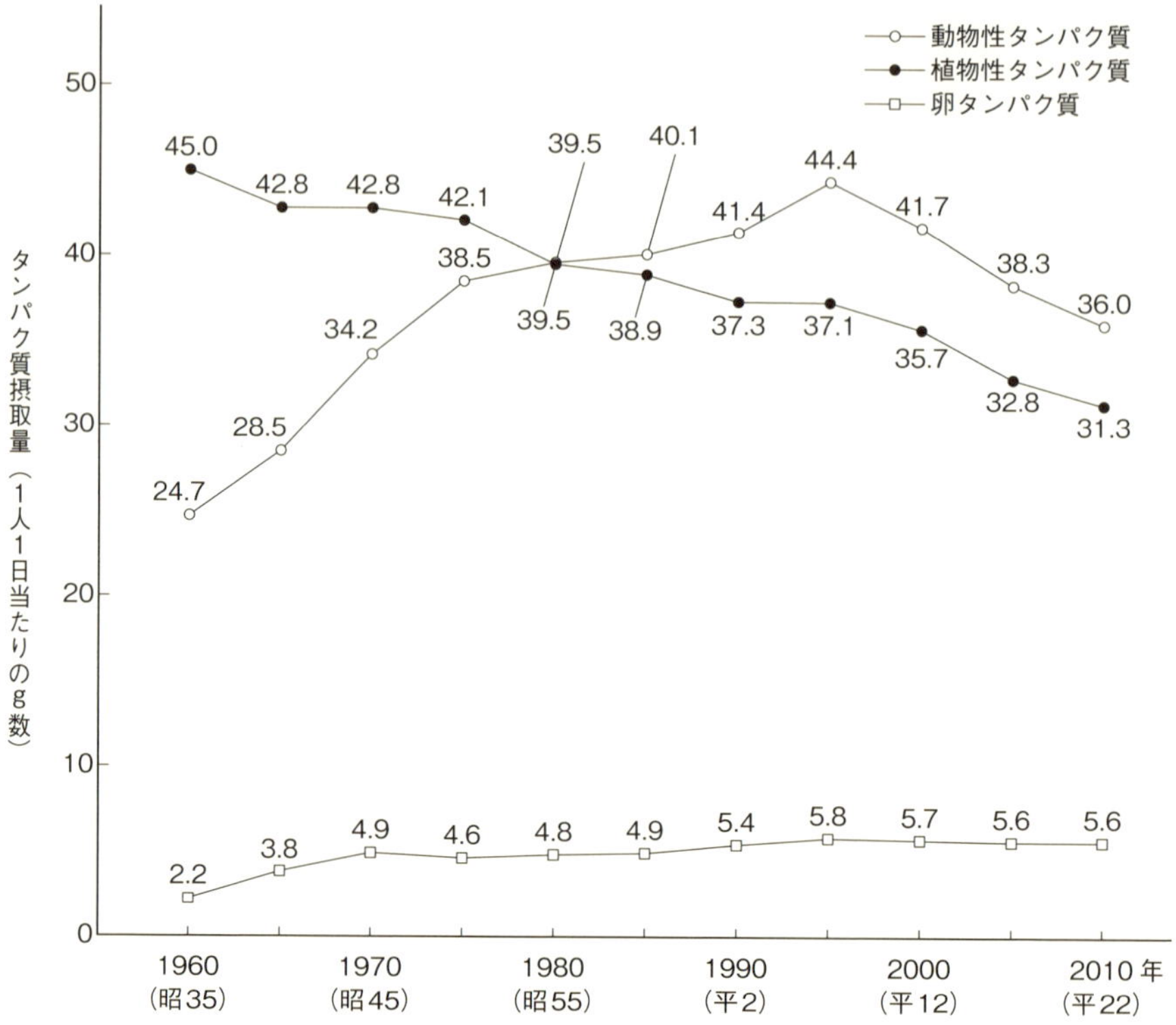

図3−8　日本人の動植物性タンパク質、及び卵タンパク質消費量の推移
（農林水産省「食料需給表」より作成）

高く、魚離れが目立っています。

植物性タンパク質も含めて、食品ごとのタンパク質供給量をみると、多い順に肉類15・6g、魚介類13・9g、小麦9・5g、米9・1g、牛乳・乳製品8・0g、大豆5・7gとなり、7番に卵5・6gが入ります。

日本人の栄養面で、卵の地位は欧米のそれにくらべてはるかに高く重要です。欧米での1人1日当たりの動物性タンパク質は、米国で70g強、西欧では50～60gほどです。このうち畜産物が90％以上占めますが、そのほとんどが肉類と牛乳・乳製品で、卵はせいぜい7％程度にすぎません。

日本人では、卵は1日当たりの動物性タンパク質の13％、うち畜産物だけでは19％を占めています。このように、卵は日本人の食生活から切り離せない大切な食品となっているのです。畜産物のなかでも、肉類や牛乳・乳製品に対して卵の摂取割合をいまよりも伸ばすことによって、日本型食生活の特徴がさらに際立ってくるものと思われます。

表3−5　卵と白米の必須アミノ酸量、及び1日の必須アミノ酸推奨量
（文部科学省「日本食品標準成分表　2015年版」、WHO/FAO/UNU）

必須アミノ酸	必須アミノ酸量（mg/100g）		1日の必須アミノ酸推奨量[3]
	卵[1]	白米[2]	
イソロイシン	610	256	1200
ロイシン	1060	512	2340
リジン	890	225	1800
メチオニン	390	153	624
フェニルアラニン	630	338	1500
スレオニン	580	215	900
トリプトファン	180	89	240
バリン	770	389	1560
ヒスチジン	310	164	600
合計	5420	2341	10764

注　1）卵：全卵可食部100g当たり（卵2個分に相当）
2）白米：ごはん2杯に相当
3）体重60kgの成人

平均寿命の高い欧米諸国（男性で74歳前後、女性で81歳前後）では、動物性タンパク質の摂取比率が60～70％以上、平均寿命の低いアジア諸国（たとえばインドの平均寿命は50歳前後）では20～30％程度にすぎません。

ちなみに、毎日のタンパク質推奨栄養所要量（RDA／健康な人の栄養要求を満たすのに十分な摂取量の1日当たりの平均レベル）は、体重1kg当たり0・8g程度で、日本人の場合には、平均して1日に摂るべきタンパク質量は成人男性が60g、成人女性が50gです。

卵かけごはんで必須アミノ酸が補える

動物性タンパク質と植物性タンパク質ではどこが異なっているのでしょうか。

タンパク質を構成するアミノ酸は、必須と非必須をあわせて20種類あります。人が体内で合成できない必須アミノ酸は、ロイシンなど9種類（表3－5）です。それらは卵の卵黄と卵白に含まれるタンパク質のいずれにも存在しており、卵のタンパク質は栄養学的にみて理想的なアミノ酸組成を示しています。したがって、食事からタンパク質を摂取し、自己のタンパク質を合

成するには、動物性タンパク質のなかでも卵タンパク質が適しているわけです。

日常食における植物性食品の代表、たとえば精白米ではリジンとスレオニンが不足しています。足りないアミノ酸があると生体内でのタンパク質の合成に必要なアミノ酸の供給が止まってしまい、タンパク質の合成は完成しません。

したがって、卵かけごはんにすることで、卵によって精白米の栄養分の足りない分が補えるわけです。卵白と卵黄の品質を必須アミノ酸の含有量から比較すれば、卵白ではイソロイシンやロイシン、メチオニン、フェニルアラニン、トリプトファン、バリンが多く、卵白のほうが上となります。

一定の高水準を保つ卵脂質の摂取量

卵黄は脂肪のかたまりのように思われがちですが、脂質は固形物の65％ほどで、残りの35％ほどはタンパク質です。脂質は脂肪（約65％）、リン脂質（約31％）、コレステロール（約4％）、カロテノイド（微量）から構成されており、卵黄の脂質はリン脂質の含量が多いという特徴を示します。それに脂溶性ビタミンも豊富です。

栄養的にみれば、脂質を構成する脂肪酸はエネルギー源となり、さらに体を構成する細胞膜の重要な構成成分ともなります。さらに、脂溶性ビタミンやカロテノイドの吸収を助けます。

動物性食品に由来する脂肪の摂取は、タンパク質と同様に昭和40（1965）年頃から急速に増えはじめています。脂肪の多い食事は、あらゆる生活習慣病の引き金となる可能性があるため注意が必要です。

三大栄養素である脂質の場合は、総カロリーの20〜30％が摂取目標量とされていますが、仮に25％を脂質で摂るには、1日の総摂取量が2000kcalとすると500kcalになり、量としては約56gが必要となります。

図3－9に動植物性脂質と卵脂質摂取量の推移を示しました。動植物性脂質摂取量はともに上昇傾向です。平成7（1995）年以降はその上昇傾向は止まり、とくに健康を意識してなのか、動物性脂質の摂取も多少減少しています。一方、好ましいことに卵脂質の摂取量は昭和45（1970）年まで上昇した後は一定の高水準を保っています。

レシチン含有量が多い卵黄リン脂質

卵黄100g当たりに含むリン脂質は10・4gと

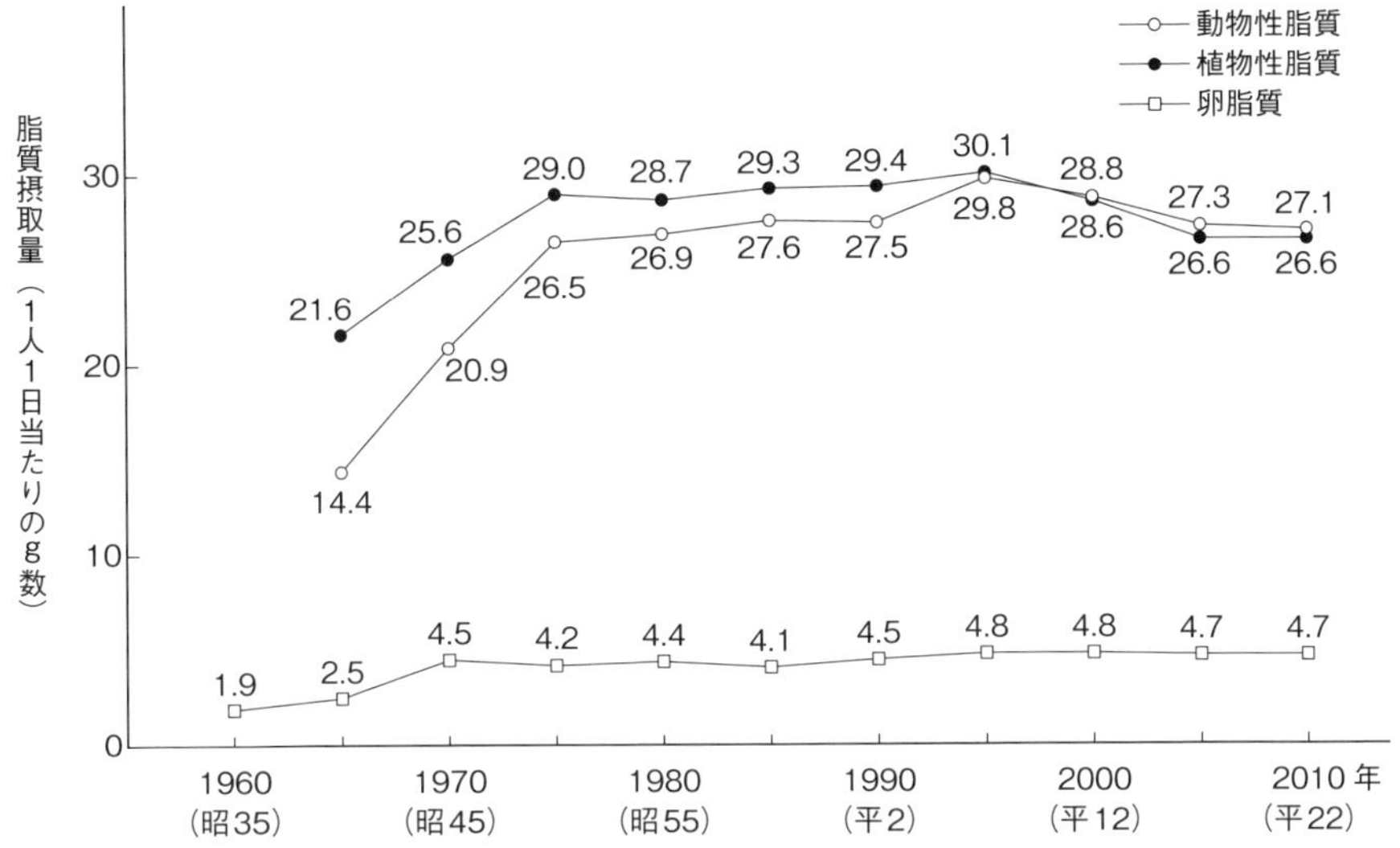

図3−9　日本人の動植物性脂質、及び卵脂質摂取量の推移
（農林水産省「食料需給表」より作成）

なります。卵黄脂質の一つの特徴は、リン脂質のなかでもっとも多いホスファチジルコリン（レシチンの一種）の存在です（図1−7）。このレシチンは、健康機能成分であるコリンの供給源となります。

「生涯現役」として著作や講演など幅広く活動してきた医師・日野原重明氏は、１０５歳で天寿を全うされましたが、毎朝大豆レシチンを牛乳やコーヒーに入れて飲んでいたそうです。健康寿命を延ばすには、このようにレシチンの摂取が有効なのです。

卵黄リン脂質と大豆リン脂質をレシチンの含有量でみると、前者が84％、後者が39％と大きな差があります。さらに構成成分である脂肪酸組成にも違いがあり、人の体には動物性の卵黄レシチンのほうが脂肪酸の組成上はより適切です。すなわち、多価不飽和脂肪酸を多く含んでいるということなのです。

では、私たちは普段からどのくらいのリン脂質を摂っているのでしょうか。九州大学の佐藤匡央教授は、社会人の寮と食堂で提供される食事を朝昼夕にわたって30日、計１２０食分を分析しました。リン脂質の１日平均摂取量は４・45ｇであり、普段の食事から摂るリン脂質の供給源は卵からです。卵を1個摂食すればレシチンが約１・６ｇ摂取できるので、１日平均摂取量の約36％を卵から摂取できることになります。

卵黄中のタンパク質の大部分は脂質と結合した状態であり、リポタンパク質として卵黄プラズマや卵黄顆粒中に存在しています。水に溶けない脂質ですが、水溶性のタンパク質に結合させ、水分中に分散させることで、その機能を発揮させる巧妙な形態といえます。

人体で合成できないビタミンを豊富に含む

ビタミンはヒトが生きていくために必要な生体内代謝を助け、健康を維持・増進する大切な役割をもっています。1日の必要量は微量ですが、ヒトの体内では必要量を合成できないため、日常的に外から摂取する必要があります。

現在は13種類のビタミンが認められており、水溶性ビタミンと脂溶性ビタミンに分類されます。卵白には脂質が含まれていないため、いわゆる脂溶性ビタミンであるビタミンA（レチノール）やD、E（トコフェロール）、Kは卵黄にあります。

ビタミンAは抗夜盲症因子として発見され、その欠乏症として皮膚の粘膜上皮の角質化、性腺の退行変性、感染症に対する抵抗力の低下などが知られています。

ビタミンAを飼料に添加すると、添加量に応じて卵黄にビタミンAが蓄積します。

ビタミンDは抗くる病作用で知られ、骨の骨細胞を活性化して骨を壊し、骨芽細胞を活性化して新たに骨をつくります。現在、子どものビタミンD欠乏症が増えており、不足することで骨の発育不良を起こし、O脚や背中が曲がる「くる病」の引き金にもなります。その要因としては、過剰な日焼け対策や不適切な食事制限などがあげられます。アレルギーなどを恐れて、ビタミンDを多く含む卵の摂取を避けるのも問題といえます。

水溶性のビタミン（B_1、B_2、ナイアシン、B_6、葉酸とパントテン酸）は、卵黄と卵白に含まれています。とくに日本人に欠乏しやすいビタミンB_2が多いのが特徴です。ただし、ビタミンCはいずれにも含まれていません。

葉酸は水溶性のビタミンB群の一種で、アミノ酸や核酸の合成に必要な補酵素（酵素の働きをサポートする成分）であるため、細胞分裂に不可欠の栄養素です。欠乏した際の症状としては、貧血や免疫機能の減衰、消化管の機能異常などがみられます。妊婦が妊娠初期に葉酸不足を起こすと、胎児の脳や脊椎の発育が阻害されます。この葉酸は、卵のほかに、牛のレバーや豆類、ブロッコリー、ホウレンソウ、バナナなどに多く含まれています。

セレン、亜鉛などを多く含む

卵に含まれるミネラルは、給餌する飼料や鶏の年齢、飼育環境などに影響を受けます。日本人にとって栄養学的に常に摂取不足が問題とされるミネラルとしては、カルシウムと鉄があげられます。卵黄中の鉄はホスビチンというタンパク質と強く結合しているため、ヒトが食品中から腸管を通じて鉄を吸収できる割合は、牛肉・豚肉が22・8%なのに対して、残念ながら鶏卵は3・0%とかなり低くなっています。

一方、卵に多く含まれるセレンは、ヒトの体内で酵素やタンパク質の一部を構成し、抗酸化反応において重要な役割を担っているミネラルの一つです。免疫機能を強化し、がんを予防したり、動脈硬化が引き金となる心筋梗塞や脳卒中を予防し、血行障害や更年期障害を改善したりするなど、さまざまな効果が認められています。

現在、高齢化によって味覚障害が増加していますが、その原因の6割が亜鉛不足です。亜鉛は全卵2個のなかに1・4mg含まれており、日常的には亜鉛摂取には卵が適切です。

また、現在市販されているヨウ素強化卵の場合、鶏卵1個当たり約0・7mgのヨウ素が含まれており、その生理作用として脂質代謝の改善作用や糖の代謝改善作用、抗炎症・抗アレルギー作用が動物実験や臨床試験によって明らかになっています。

1日2個の卵は低カロリーなのに栄養豊富

現在、全国鶏卵消費促進協議会では、日本人が毎日の食生活で卵を1日に2個食べることを推奨しています。前述したように、健康な人であれば1日に2個程度食べるのは摂取するコレステロール量も含めて、とくに問題はないといえます。

必要以上に肉や乳由来の脂肪を摂取することは健康上のマイナス面がありますが、今日の魚離れがすすんでいる状況を考慮に入れるならば、1日に卵2個の摂取は日本人の食生活にとって意味のあることだと思われます。

ここで、卵を1日2個食べると、ヒトが1日に摂るべき栄養素の必要量のどれだけが満たせるのかをみてみましょう(図3-10)。

卵は低カロリーな食品(卵可食部100gにつき1

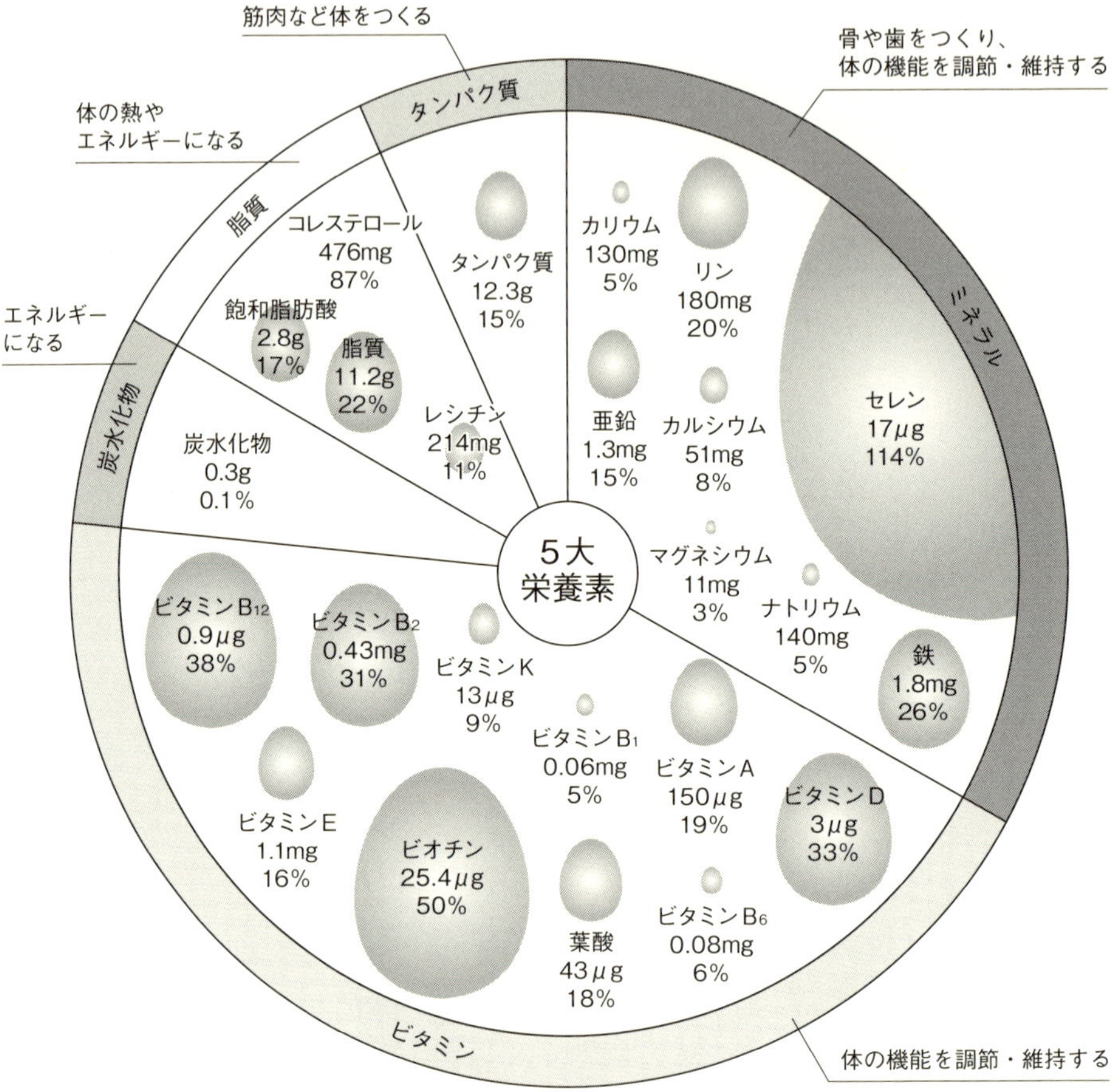

図3−10　卵2個の栄養成分、及び1日の必要量を賄える割合（%）
全卵可食部100g当たり（卵2個分に相当）
（文部科学省「日本食品標準成分表　2015年版」、タマゴ科学研究会『タマゴの魅力』、農林水産省『aff』2018年9月号）

表３−６　２個の卵、及びほかの食品の栄養成分の比較（100g 当たり）

（文部科学省「日本食品標準成分表　2015 年版」）

	卵[1]	まいわし（生）	牛肉（かたロース）	米（精白米）	ホウレンソウ（生）
エネルギー（kcal）	151	169	173	357	20
タンパク質（g）	123	19.2	16.5	9.3	22
脂質（g）	10.2	9.2	26.1	0.9	0.4
炭水化物（g）	0.3	0.2	0.2	74.5	3.1
トリアシルグリセロール（g）	8.6	7.3	24.4	6.8	0.2
飽和脂肪酸（g）	2.84	2.55	8.28	0.29	0.04
一価不飽和脂肪酸（g）	3.69	1.86	14.17	0.21	0.02
多価不飽和脂肪酸（g）	1.66	2.53	0.83	0.31	0.017
コレステロール（mg）	476	67	84	0	0
食物繊維（g）	0	0	0	0.5	2.8
ビタミンC（mg）	0	0	1	0	3.5

注　1）卵２個で可食部 100g に相当

５１kcal）で、日本人の平均的な食生活においては１日に摂取するエネルギー量（平均１９２０kcal）の約８％にすぎません。全卵のエネルギー量の約74％は卵黄にあり、そのほとんどは脂質に由来しています。

約60ｇの卵の場合、卵殻などを除いた可食部50ｇのうち卵黄は18ｇ前後です。卵黄中の脂質は約31％なので、脂質量は５・６ｇ程度になります。したがって、２個の卵を食べると脂質を11・２ｇ摂ることになります。１日当たりの脂質の推奨量は約50ｇなので、日本人の卵からの脂質の摂取比率としては、おおよそ22％となります。

同じように計算すると、卵２個分で１日当たりの摂取比率が15％を超えるものは、ほかにもタンパク質や脂質、飽和脂肪酸、コレステロール、ビタミンA、B_2、B_{12}、D、E、ビオチン、葉酸、鉄、亜鉛、リン、セレンがあります。低カロリーであるにもかかわらず、タンパク質や脂質の摂取比率が15％以上になるのは驚きです。しかも、卵黄の脂質の組成は魚（まいわし）に近く、牛肉（かたロース）の組成とはかなり異なっています（表３－６）。

前述の図３－６、図３－７でも示したように、現在の日本に長寿をもたらした要因の一つとして、１日に

1個程度の卵を食べてきたことがあげられます。今後、この卵の数を1個増やして2個にすると、さらに平均寿命が長くなることが予測されます。

しかし、平均寿命の延長以上に、健康寿命の延長のほうが卵に課された次の役割であると思います。そのために、今後は卵2個の摂取が健康寿命の延長に及ぼす効果について疫学的に調査していくことが必要です。これまでの追跡調査による調査研究では、毎日2個の卵を摂取すると抗肥満効果があり、さらに糖尿病・冠動脈疾患の患者にも有効であることが示されています。

1日に2個食べるとすれば、朝食に2個、あるいは朝食に1個、昼食か夕食に1個となるでしょう。卵の調理法を変えれば、そう無理なく摂取でき、さらに卵を用いたオヤツ類でカバーすれば、2個程度は簡単に摂取することができます。

たとえばオムレツであれば、いつもは卵1個のところを2個使うことで料理の豪華さも増して、夕食の主菜にふさわしいものになるでしょう。この程度の調理の工夫だけでも、1日2個の卵の摂取は簡単に実現できるのです。

朝食時の卵が「体内時計」をリセットする

管理栄養士の宗像伸子さんは、卵のある朝食について、「朝はパン食で、欠かせないのは卵料理。タンパク質として右に出るものはなく、簡単にいろいろと調理できます。スクランブルエッグ、オムレツ、茹で卵、スープや汁物の中に落としてもおいしい。簡単に済ませがちな朝食ですが、卵料理を加えると、タンパク質量が増え、栄養バランスがぐっと向上」(朝日新聞 2016年3月5日付)と、卵の調理上の簡便性とタンパク質摂取における重要性を述べています。

確かに、卵がもっとも本領を発揮するのは朝食時です。最近、時間栄養学の分野が急速に発展し、良質のタンパク質が「体内時計」をリセットし、1日の代謝リズムを整えてくれることが証明されています。このリセットにはバランスのよい食事が重要です。脳の栄養となる糖質はもちろん、脂肪分解やエネルギー代謝に関わる肝臓を活性化するタンパク質や体の調子を整えるビタミン・ミネラルも欠かせません(香川 2009年)。

むろん卵だけでよいわけではありませんが、良質なタンパク質やビタミン、ミネラルを気軽に摂れる卵が重要な食品であることは間違いないでしょう。

時間栄養学は、「何を、どれだけ」に加えて、「いつ食べるか」を考慮に入れた栄養学ですが、それによると、朝食を抜くと体が眠ったままの状態になるため、低体温やだるさが続きます。また、食べものが入ってこないため、自分の筋肉を分解してエネルギーに変えようとし、次に入ってきた食べものを脂肪としてため込みやすくなります。したがって、太りにくい体をつくるためには、毎朝起きてから2時間以内に朝食を摂るのがポイントです。

日本の健康な若い女子大学生14名を対象に、パン中心の朝食で必ず1個の茹で卵を食べるように4週間にわたって試みた調査によると、毎朝1個の卵摂取がタンパク質の供給や栄養バランスの維持、さらには血液の抗酸化状態の向上に役立つことが示されています（Taguchi *et al.*, 2017）。この結果には、卵の良質なタンパク質が「体内時計」のリセット効果を発揮してくれたことが明確に表われています。しかも、朝食時に卵を1個食べることで、間食でお菓子を食べることが減り、より健康的な食事を摂る習慣が定着する効果があったことも報告されています。

卵を加えた食事がダイエットに効果的

ＢＭＩで判断すれば、世界で21億人が体重過多か肥満と分類されているという現状があり、いまや体重の減量（ダイエット）は大きな課題です。

ダイエットは、毎日のカロリー摂取が高く、ＢＭＩが25を超える肥満体の人がとるべき処置法で、おもに食事のコントロールや運動により実施するものです。その際に重要なのは体脂肪を減少させることで、体重そのものを減らすことではありません。正常体重の人の場合、総脂質摂取量をエネルギー比率で1％減少すると、0・37kgの体重減となります。

日本人の現状をみると、ＢＭＩが25以上の肥満率は

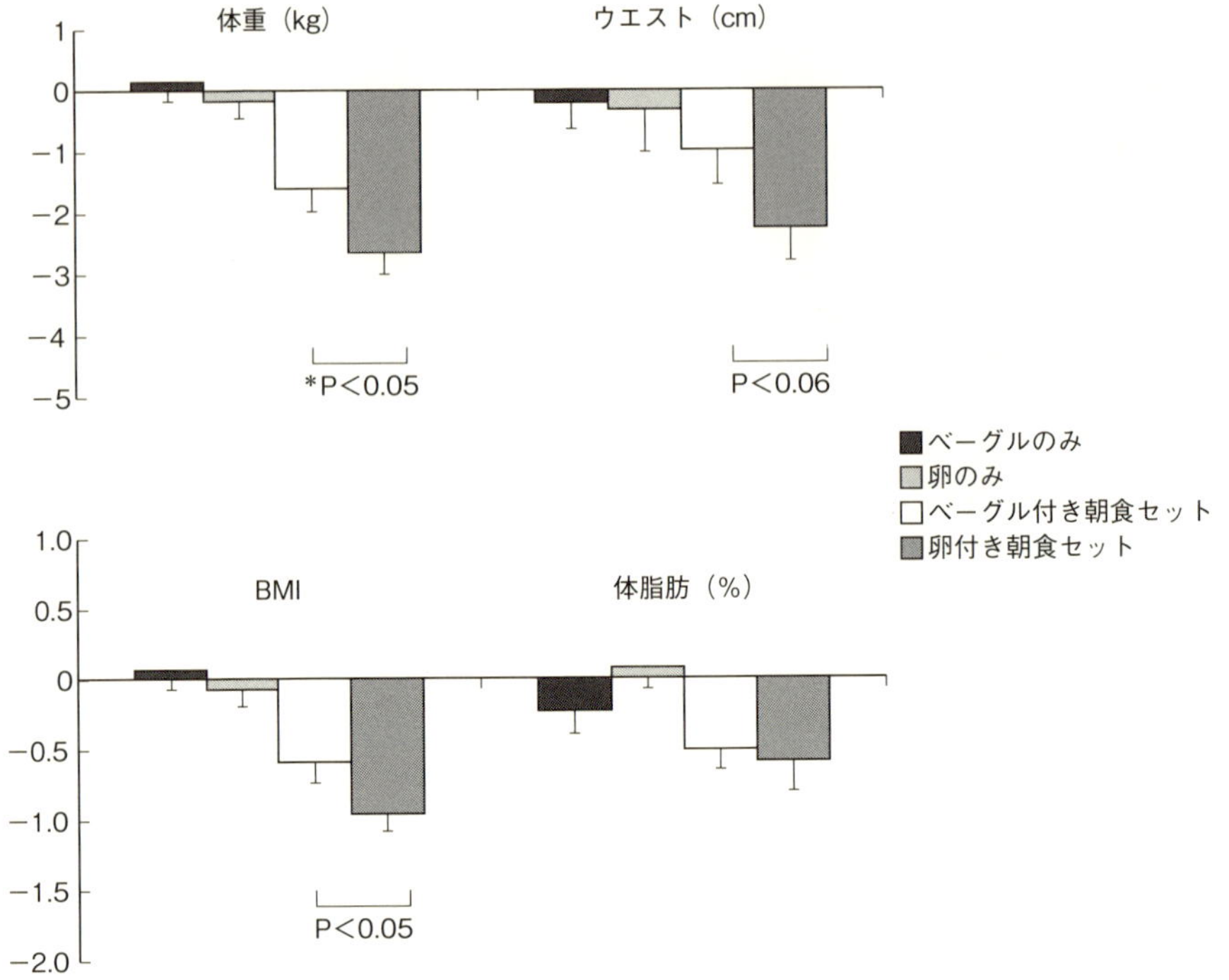

図3−11　卵付き朝食セットの体重、ウエスト、BMIと体脂肪低下効果
（JS.V. Wal *et al.*, 2008）

男性が約3割、女性が約2割にもなります。その一方で、20～29歳の女性の約2割がBMI値で「痩せすぎ」に分類されており、女性の体重減によるタンパク質不足が問題視されています（平成25年国民健康・栄養調査報告）。

ここに興味深い米国の試験結果があります。朝食に卵を食べることによるダイエット効果を調べたものです（図3－11、Wal *et al.*, 2008）。BMI値25～50の肥満気味の男女152名（25～60歳）を、ベーグルのみのグループ、卵のみのグループ、ベーグル付き朝食セット（ベーグル＋クリームチーズ、ヨーグルト）のグループ、卵付き朝食セット（卵＋トースト、ゼリー）の4つのグループに分けました。

それぞれの朝食を8週間続けた結果をまとめています。卵のみのグループはスクランブルエッグ2個（186kcal）を含む総カロリー量を340kcalとし、ベーグルのみのグループはそれと同じ総カロリー量としました。一方、朝食セットグループは総カロリー量が1000kcalになるようにしました。

ベーグルのみのグループに対して卵のみのグループは、体脂肪以外の体重やウエスト、BMI値において、有意差はないものの低下していました。一方、卵付き朝食セットのグループは平均で体重が3kg近く減り、BMIも平均でマイナス1となり、ベーグル付き朝食セットにくらべ、体脂肪以外の点で有意差をもって減少しました。卵をプラスしたバランスのよい朝食では、カロリー値が高くてもダイエット効果が大きくなっている点が注目されます（図3－11）。

卵のタンパク質が脂肪細胞の肥大化を抑制

卵を食べて運動することで、体脂肪率と皮下脂肪面積のいずれも下がるという現象があります（山田 2014年）。その要因として、卵の成分が脂肪細胞の肥大化を抑制している可能性があります。つまり、卵のタンパク質が体の基礎代謝量を上げ、脂肪の燃焼を促進したことが考えられるのです。

卵白タンパク質やそれから調製されたペプチドは、肝臓における脂肪酸の酸化系への代謝を亢進させ、肥満の抑制に関わっていることも指摘されています。このように卵を食事に有効に摂り入れることがダイエットに効果的なのです。

40歳前後の中年になるとお腹まわりに脂肪がつきやすくなります。これは加齢により体の基礎代謝（じっとしていても消費するエネルギー）が低下することによるものです。女性ではエストロゲン（女性ホルモン、内臓脂肪を減らす働き）分泌量の減少が伴います。

その対策としては、体に筋肉がつくと基礎代謝が上がるため、脂肪を沈着させないように筋肉をつくる卵のタンパク質とビタミンB群が必要となります。

4 いま注目される卵の健康機能は何か

卵は「医食同源」の思想を代表する食品

中国を初めて統一した秦の始皇帝が、晩年強く不老不死の仙薬を求めていたことが「史記」に記されています。中国において「仙薬」の意味合いは、入手しがたい特殊で珍しい素材からつくる薬だけでなく、日常で身近に手に入る素材を使った薬効のある食べものにまで広がり、「薬食同源」という概念が早くからできあがっていました。そのため、食材のもつ成分を病気の治療や身体機能の調整・管理に活かしていこうと、食材の薬理的な側面に関する研究が早くからすすめられてきました。

中国の唐代の皇妃・楊貴妃が愛用したという海燕の巣に含まれる成分の代表は、燕の唾液から分泌されるムチンです。これが卵の卵白に存在するオボムチンという糖タンパク質と同類のものであることは興味深いことです。

このオボムチンは、さまざまな生理機能をもつシアリルオリゴ糖や腫瘍細胞に対して攻撃性のある糖ペプチドを含み、健康を維持・増進する機能に関与しています(Watanabe *et al.,* 1998)。

中国の「薬食同源」の概念に対し、日本においては新居裕久医師によって「医食同源」という言葉が造語されました。日本においては戦後、とくに高度経済成長期に食生活が大きく西洋化し、その弊害が顕在化してきましたが、食生活と健康の結びつきを強調することで、日々の食生活に目を向けることの大切さを語ったものです。

こうした言葉の影響もあって、食品のもつ有効成分に注目が集まることになり、「体に対する効果的な機能、すなわち食品のもつ生体防御、体調リズム調整、疾病予防など」の機能が、「健康機能」という言葉で語られるようになりました。

現代人が求めるのは、まさにそうした健康機能をもつ食品ですが、卵はその代表であるといえます。表3−7の「卵成分の特徴と健康機能」に示したように、卵白・卵黄ともに多くの健康機能が認められますが、日常の食生活では全卵として食べるため、両方の機能が合わさった、まさに「医食同源」の思想を代表する食品といってもよいでしょう。

卵は老化を引き起こす炎症を抑制する

炎症は、体にとって有害な細菌やウイルス、または死んでしまった自分の細胞を排除して体の恒常性を維持しようとする自然の防御反応ですが、炎症反応が老化そのものを引き起こしている可能性があるのです。

加齢とともに体内の老化細胞が増えると、それらから分泌される炎症性サイトカインなどを介して周囲の組織ががんを発しやすくなるとされています(山越 2016年)。炎症反応が高い人は、関節リウマチやがん、動脈硬化性疾患のような疾病にかかりやすいため、その炎症反応を抑えることによって老化を制御していくことが可能になります。

　こうした炎症を、1日1個の卵を食べることで抑えられることを証明した試験結果があります(Ballesteros *et al.*, 2015)。2型糖尿病の患者29名を被験者として、毎朝1個の卵を食べるグループと、代わりにオートミール40gを食べるグループに分け、それぞれ5週間摂取し、その後3週間は通常食を摂り、その後双方が摂る食事内容を入れ替えて、再び5週間摂取しました。

表3−7　卵成分の特徴と健康機能

卵白	カロリー（kcal/100g）：4.7（低カロリー） タンパク質：10.5%、アミノ酸スコア：100 健康機能：血圧降下、内臓脂肪低減、糖尿病予防、抗疲労、認知症予防、加齢性筋肉減少症予防、精力・強壮、抗菌・抗ウイルス、抗不安、生体内抗酸化
卵黄	カロリー（kcal/100g）：387 脂質：33.5%、タンパク質：16.5%、 アミノ酸スコア：100 健康機能：リン脂質……関節軟骨形成促進、コレステロール・中性脂肪低下、血糖値低下、血栓性症抑制、認知症予防 タンパク質……脳の発達、生体内抗酸化、血圧降下、ストレス緩和 カロテノイド……視力改善、ストレス緩和 コレステロール……感染症予防、認知症予防

　試験終了後の血液検査を行なったところ、炎症の目印となる炎症性サイトカインTNF－αと肝臓がん腫瘍マーカーASTが有意に改善されていることがわかりました。この炎症抑制の機構については明確に解明されていませんが、卵黄中に含まれる抗酸化・抗炎症作用の強いカロテノイドであるルテインやゼアキサンチンが効果を発揮していることが推測されます。

糖尿病のリスクを低減させる卵

　糖尿病にはさまざまなタイプがあり、日本人の場合、多くは生活習慣からくる2型糖尿病です。原因は肥満などで全身に脂肪が過剰に蓄えられたり、高齢化によってインスリンの効きめが悪くなったりするためと考えられています。そのため、これまでは脂肪を含む卵黄の摂取を控える傾向がありました。

　しかし、卵が糖代謝の低下や炎症の低減に作用し、2型糖尿病のリスクを減らす栄養素も含んでいること

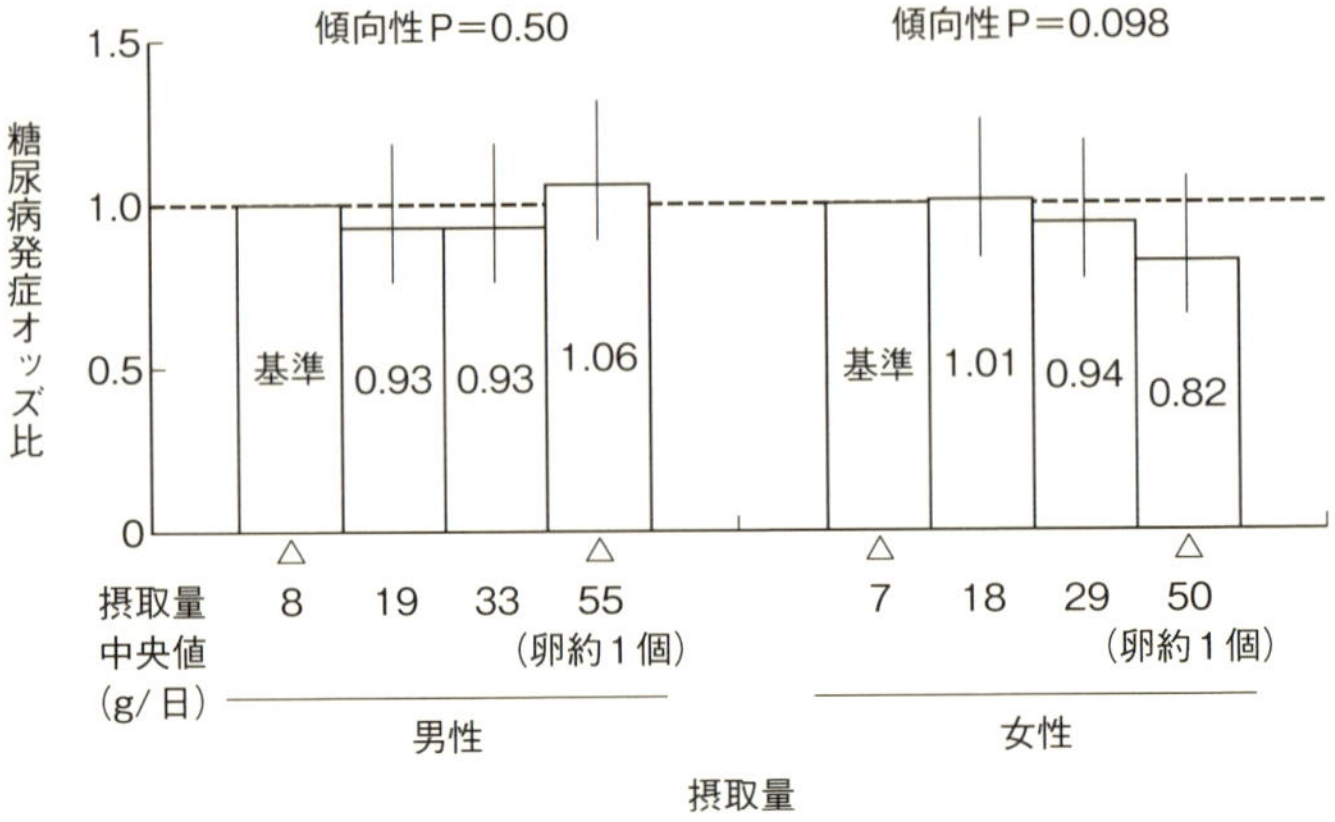

図３−12　卵の摂取量と糖尿病発症リスクとの関係

（K.Kurotani *et al.*, 2014）

がわかってきたのです。

このような見解に至った背景として、国立がん研究センターが中心となって行なっている生活習慣病予防のための多目的コホート研究（ＪＰＨＣ研究）の成果があげられます。卵摂取と糖尿病発症との関連はみられないとする論文です（図３−12）。

この研究では、年齢が40〜69歳の男性２万７２４８名、女性３万６２１８名を対象に５年間にわたって追跡調査。卵の摂取量によって４つのグループに分類し、糖尿病発症との関連を調べました。

その結果、男女ともに卵の摂取量が多い群でも、もっとも少ない群にくらべて糖尿病の発症リスクに差がありませんでした。しかも、女性では閉経後の糖尿病発症リスクが低下する可能性も示されました。これは卵の摂取によって血中のエストロゲンが増加することによるものとしています（Kurotani *et al.*, 2014）。

糖尿病のリスク低減に効く成分はタンパク質にあるとされ、卵白タンパク質から得たペプチドを用いてマウスによる効果実証が行なわれ、そのことが明らかになりました。

さまざまな健康機能をもつ卵白タンパク質

「ロコモティブシンドローム（運動器症候群）」と呼ばれる疾患は、骨や関節、筋肉などの運動器の障害によって移動機能が低下した状態をいいます。このうち、加齢や疾患によって筋肉量が減少し、その結果全身の筋力低下が起こり、歩行に困難が生じたり、転倒しやすくなったりする疾病を「サルコペニア（加齢性筋肉減少症）」と呼んでいます。

その対策の一つとして期待されるのが卵です。広島大学の加藤範久氏らは、卵の卵白の摂取が筋肉量や筋力にどのような影響があるのかを実験しました。具体的には、日本人の成人男性10名を対象に、週に5日間、または5週間にわたって、食事の3時間後に卵白スナック（乾燥卵白15g＋砂糖18g）だけを食べた場合、軽度の運動をした場合、両方を組み合わせた場合という3つのケースで比較しました。乾燥卵白15gは約3個分の卵白に相応します。

その結果、卵白を食べて運動することで前腕の筋肉量や脚力、握力がアップすること、また、摂らないほうがよいとされてきた「間食」でも、卵白を使った食品を軽い筋肉トレーニングと組み合わせることで、筋肉を増やしたり筋肉を強くしたりする効果があることもわかってきました。

卵を食べることが高齢者のサルコペニアの予防や治療につながり、さらには成長期の子どもたちにとっては体づくりに役立つのです（Kato *et al.*, 2011）。

一方、大妻女子大学の高波嘉一氏は、運動習慣がなく閉経後3年以上経過した50歳以上の女性26名を対象に、卵白の摂取と運動を組み合わせた同様の実験を行なっています。具体的には、8週間にわたって毎日殺菌水（125g／日）を摂るグループと乳酸発酵卵白（125g／日、185頁参照）を摂るグループに分け、どちらのグループにも合わせてプログラムに沿った運動をしてもらいました。

その結果、四肢（手足）の骨格筋量については、どちらのグループも実験前後で有意な変化は認められませんでしたが、55歳以上の被験者に限定すると、卵白を摂取したグループで骨格筋量が有意に増加しました。とくに脚の筋量については有意に大きく増加していることがわかります（図3－13）。

このように運動トレーニングに加えて卵白タンパク質を摂取することで、なぜ骨格筋量や筋力の増加がみられたのでしょうか。理由の一つとして、卵白タンパ

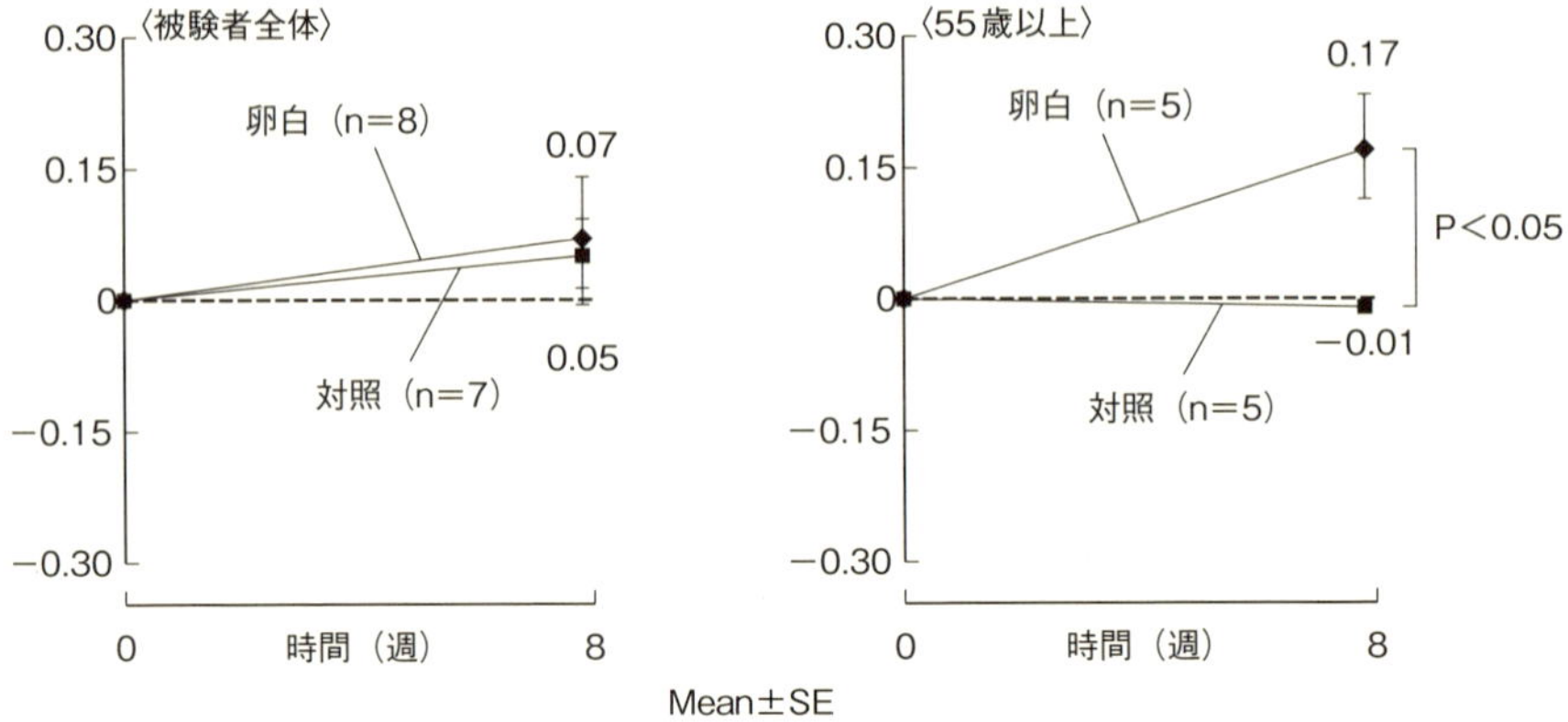

図3−13　介入前後の四肢骨格筋量（kg）の変化（中高年女性）
（高波嘉一　一般財団法人旗影会「平成25年度研究報告概要集」2017年）

ク質が良質なタンパク源であることがあげられます。筋タンパク質の合成が促進されるためには、おもに必須アミノ酸のうちで、とくにロイシンが必要になります。卵1個にはロイシンが536mg程度含まれています。

さらに卵白タンパク質はほかのタンパク質源と比較して、含硫アミノ酸（システイン、メチオニン）の含有量が多いという特徴があります。とくに卵白タンパク質に多いシステインが酸化ストレスを抑制する作用をもつことから、骨格筋量や筋肉の増加に有利に働いたと思われます。このように卵白タンパク質は高齢者の虚弱予防にも寄与できるのです。

さまざまな健康機能をもつ卵白ペプチド

タンパク質をタンパク質分解酵素で処理すると、アミノ酸とペプチドに分解されます。

ペプチドにはいろいろな種類があり、タンパク質の種類や調製方法によって異なります。ペプチドは、吸収も早く、さらにアレルゲン性を低減させ、溶解性や耐熱性もよいことから、飲料素材としても最適です。

この卵白ペプチドには、コレステロール代謝を改善したり、血圧を下げたり、体内の酸化を抑えたり、また病菌やウイルスに対する抵抗性をもち、精神的ストレスや疲れを緩和したりするなど、さまざまな健康機能があります。

たとえば、卵白の主要なタンパク質であるオボアルブミン由来のペプチドにはコレステロールの分解を活性化する作用が認められています（長岡 2016年）。さらに、オボアルブミンのトリプシン消化によって生じるペプチドからは、医薬品に匹敵するほど強力な精神的ストレスを緩和する作用がある「Val-Tyr-Leu-Pro-Arg」（VYLPR）が発見されています。

この抗うつ性のペプチドは口からの投与でも有効に働き、卵を食べたときに消化管内で一部派生して体の感覚調整機能によい影響を与えています（大日向 2011年）。このような食品由来の機能性ペプチドは医薬品ではないことから、安全性の高い機能性素材として今後の応用が大いに期待されます。

昔から卵は精力剤・強壮剤とみられてきましたが、最近になってそれを科学的に裏づける事実も明らかになっています。それは卵白タンパク質由来のペプチドがもつ血流改善機能です。

このペプチドをマカ（南米ペルーに植生するアブラナ科の多年生植物）と亜鉛の混合物に加えると、体内の一酸化窒素の生産が一層向上します。この一酸化窒素の作用によって血管が拡張することで血流がよくなり、男性機能が改善されます（坂下 2014年）。この研究データ（発明）は特許として認定され、現在製品化もされています。

一方、北海道教育大学の杉山喜一氏は、一般市民のマラソンランナーを対象に北海道マラソンまでの2ヵ月間にわたって卵白ペプチドを摂取させ、トレーニングコンディションやマラソン記録への影響を調べました。

主観的な疲労に関する検査では、卵白ペプチドを摂取したグループのほうが、それを摂取していないグループよりも主観的な疲労度が低く、さらに体内でのエネルギー代謝に関わる酵素であるクレアチンキナーゼ（骨格筋や心筋などに多く含まれ、これらの組織がストレスを受けると、その細胞から血液中に流れ出る）の濃度上昇が、卵白ペプチドを摂取したグループでは有意に抑えられ、筋肉が受けるダメージを軽減したり、疲労回復を早めたりする効果が明らかになりました。さらにマラソンレース後の「気分爽快感」に関する感情評価でも、卵白ペプチドを摂取したグループのほうが有意に高いスコアーが得られています（杉山

2017年)。

多様な健康機能をもつ多価不飽和脂肪酸を含む卵黄

グリーンランドに住んでおもに魚を食べて暮らすイヌイット(エスキモー系諸民族の一つ)では、欧米人より血栓性疾患が少ないことが知られています。それは彼らが魚や海獣を食べることで、EPAやDHAを大量に摂取しているからです。

このような発見がきっかけとなり、n－3系不飽和脂肪酸が心筋梗塞や関節リウマチ、月経困難症などの炎症性疼痛、ある種のがんを防ぐ予防効果があること、また皮膚の疾患を減らし、アレルギー症状を緩和する効果もあることが発見されました。

n－3系不飽和脂肪酸のうち、とくにDHAは、乳児の脳の発達を促し、さらに血中の中性脂肪を減らし、血圧を下げ、血栓症やアテローム性動脈硬化の症状を改善するだけでなく、アレルギー症状やストレスを緩和したり、視力を改善したりする効果があります。

一方、EPAにはDHAと似た働きが数多くありますが、血管の詰まりをなくす抗血栓作用がDHAよりも高く、血液をサラサラにする効果がよりすぐれています。

n－6系不飽和脂肪酸は、細胞膜をつくるリン脂質の重要な構成成分であり、とくに脳のリン脂質にはDHAに次いでアラキドン酸が多く含まれています。そして、その固まりにくい性質を十分に発揮して、脳独自の柔らかい構造をつくっているのです。脳の中では神経細胞同士が常に情報をやりとりしていますが、その際に神経細胞の細胞膜が柔らかいことが信号をスムーズに伝えるための鍵となります。

卵黄の脂肪酸は脂肪とリン脂質を構成する成分ですが、不飽和脂肪酸はとくにリン脂質に多く含まれています(図1－7)。

必ずしも通常の卵の卵黄に含まれる高度不飽和脂肪酸の量や、n－6系とn－3系とのバランスは必ずしも十分とはいえないため、161頁で述べるように、飼料への栄養分添加による「デザイナーエッグ」の開発が必要となってきます。現在では、これによって卵黄の脂肪酸組成の質的向上がなされ、目的に応じた卵が生産されるようになってきました。

アラキドン酸の機能に関して、脳の老化防止を専門とする臨床医・古賀良彦氏は以下のような実験を行ないました。

脳の認知能力である「情報処理能力」の指標となる脳波をP300といいます。脳が若く、頭の回転が速いほどP300は速く大きく現われます。60～70歳の健康な男性20名を対象に、1ヵ月にわたってアラキドン酸を摂取してもらい、P300の数値を測定しました。すると、平均して脳が7歳ほど若返り、頭の回転が速くなったという結果が得られました。

一般的な食事でアラキドン酸は1日に150mgぐらい摂取できるとされます。しかし、卵や魚などの食品の摂取を控えている高齢者のなかにはアラキドン酸が不足する人も少なくありません。卵を1日1個食べた場合に卵黄量を18gとすると、アラキドン酸の摂取量は86mgほどになります。高齢者は体内でのアラキドン酸の合成率が低くなり、加齢とともに体内のアラキドン酸の量が次第に減ってくるため、積極的に補う必要があります（古賀 2010年）。

卵黄レシチン中のコリンが記憶に関係

卵黄の脂質の構成成分であるレシチンは体内ではほとんど合成されないため、食べものによって摂取する必要があります。レシチンは構成分子としてコリンを含んでいますが、そのコリンが神経伝達物質の一つであるアセチルコリンとなって、副交感神経や交感神経、運動神経に働きかけます。とくに記憶力や学習力に関係し、脳を活性化するのです。

卵1個の卵黄には113・4mgのレシチンが含まれており、そのレシチン中のコリンは約15mgです。卵黄中に遊離のコリンは0・2mg程度であるため、ほとんどのコリンはレシチンに由来するものです。なお、レシチンとコリンの1日当たりの摂取量は、日本の食事摂取基準では決められていません。

2011年に米国で行なわれた調査により、コリンの摂取量が多い人ほど記憶力がすぐれているとわかりました。コリンまたはコリンを含むレシチンの補給が、加齢に伴う記憶障害を防ぐ効果のあることも動物実験で証明されています。

軽度からやや高度のアルツハイマー型認知症と診断された17名を対象に、卵黄レシチン5gとビタミンB_{12} 50μgを含んだ固形物を1日2回、12週間にわたって口から投与した実験があります。精神機能検査法を用いて、認知機能や動機づけ、感情機能を評価したところ、改善度または軽度改善度が60%以上と観察されました（図3－14）。つまり、物事に対して興味を示すことや自発的に行動することなど実生活に直結する行動の改

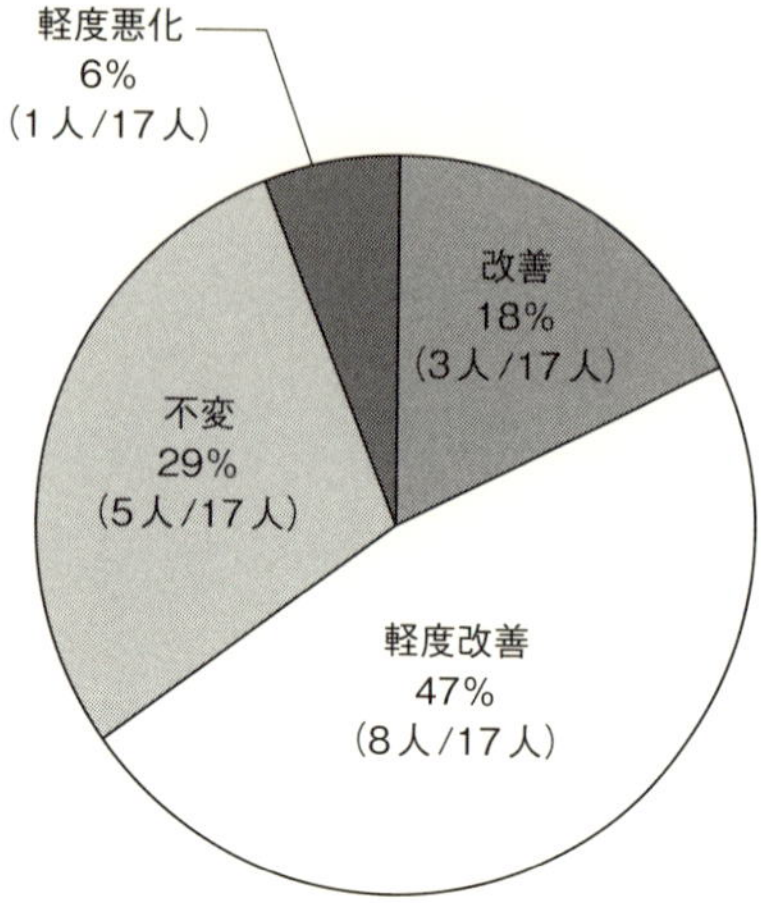

図3−14　アルツハイマー型認知症に対する卵黄リン脂質とビタミンB_{12}併用による改善度
（増田2006年）

善が、相当程度あったのです。

この試験において、血清中のコリンとビタミンB_{12}の濃度が上昇していることから、これらの成分が脳内に移行して機能しているものと考えられます（真田ら1997年）。実際、ラットを用いた試験においても、レシチンとビタミンB_{12}を併用することで、脳内のアセチルコリンの濃度が上昇していることが証明されています（Masuda *et al.*, 1998）。

さらに、人がコレステロールを摂ったり、卵を食べ続けたりしていると、認知症の発症リスクが下がる傾向にあるという調査結果も出されています（Yilauri *et al.*, 2017）。これはフィンランド在住の42〜60歳の男性2497名を対象に、コレステロールや卵の摂取量と認知症の発症リスクとの関連について調べた試験ですが、食事調査と22年間におよぶ追跡調査の結果、337名が認知症を発症し、うち266名がアルツハイマー型認知症でした。コレステロールの摂取や卵の摂取によるグループごとの認知症の発症割合は、ともに12・8〜14・6％の範囲内で明確な差はありませんでした。

ところが、グループ分けにより卵の摂取量を増やしたグループでは、認知症の発症リスクが下がったのです。1日に平均8g程度食べていたグループに対して、平均59g程度食べていたグループでは、その発症率は22〜26％も低くなりました（表3−8）。この報告では、卵黄レシチンとの直接的な関わりは明確になっていませんが、おそらく卵黄レシチンが中心的に働いた結果であることが想定されます。

表3−8　コレステロールと卵の摂取量と、認知症発症数及び発症リスクとの関係
（MP.Ylilauri *et al*., 2017から作成）

	摂取量			
	1	2	3	4
コレステロール摂取（mg/日）〈中央値〉	＜331〈291〉	331−387〈360〉	388−458〈420〉	＞458〈522〉
発症者/参加者（%）	91/624（14.6%）	84/624（13.5%）	82/625（13.1%）	80/624（12.8%）
グループ1	1	0.90	0.87	0.89
グループ2	1	0.83	0.77	0.78
グループ3	1	0.87	0.85	1.00
卵摂取（g/日）〈中央値〉	＜14〈8〉	14−25〈20〉	26−43〈34〉	＞43〈59〉
発症者/参加者（%）	83/625（13.3%）	88/624（14.1%）	83/624（13.3%）	83/624（13.3%）
グループ1	1	0.90	0.81	0.75
グループ2	1	0.97	0.82	0.74
グループ3	1	0.98	0.84	0.78

注　グループ1〜3は年齢、健康状態、喫煙などにより分け、発症リスクは相対値で表示

眼や皮膚を守る卵黄カロテノイド

卵の卵黄の色が濃くなるのは、天然色素の一群であるカロテノイドを多く含むことによります。カロテノイドは人間も含めて多くの動物にとって、健全な成長や新陳代謝、および生殖のために必要不可欠な栄養素で、それを体内で合成することはできません。

おもなカロテノイドとしてルテインとゼアキサンチンがあり、両者は分子式が同じですが、化学構造が異なります。ルテインはホウレンソウやブロッコリーに、ゼアキサンチンはホウレンソウやパプリカなどの緑黄色野菜に多く含まれています。

同様に、生の卵黄100gにはルテインが0・79〜0・94mg程度、ゼアキサンチンが0・52〜0・64mg程度含まれています。その生体利用効率は野菜類よりも3倍ほど高いことが明らかになっています（Abdel-Aal *et al*., 2017）。

近年、疫学的・実験的研究によって、このカロテノイドのさまざまな機能が明らかになってきました。具体的には、活性酸素を消去し、体を守

る免疫システムを活性化することで炎症・アレルギー反応を抑えたり、生活習慣病を予防したり、さらには骨代謝のバランスを調整したり、眼精の疲労を抑えたりする効果などです。

なかでも卵黄に多く含まれるルテインとゼアキサンチンというカロテノイドは、眼や脳の組織に選択的に取り込まれることから、視機能や認知機能に関係するとされています。

たとえば、眼の斑点部位にそれらのカロテノイドが蓄積されると、紫外線によるダメージから眼を保護するのに役立ちます。さらに、ルテインの場合は皮膚にも含まれ、酸化や紫外線のダメージから皮膚を守り、皮膚の老化を防いでいます。これは活性酸素を消去するルテインの機能によるもので、ビタミンEと比較しても数十倍ほど高いものです。

その効果に関する実験があります。平均年齢79歳(幅60~96歳)の高齢者を対象に、1日1個の卵を5週間にわたって摂取してもらい、血清中の脂質の組成の変化を調べました。

その結果、総コレステロールやLDLコレステロール、HDLコレステロール、トリグリセライドの濃度には変化がみられず、ルテインが26%、ゼアキサンチンが38%増加していました(Goodrow *et al.*, 2006)。この増加は加齢によって眼の斑点が萎縮するリスクを相対的に低下させる効果につながると考えられます。

白内障のリスクと卵の消費量について調べてみると、白内障に対する相対的なリスクが卵の消費量が多いグループでは0・4であったのに対し、卵の消費量が少ないグループでは1・0でした。こうした研究成果は、卵の摂取が加齢による眼の病気予防に有効であることを示しています。

ルテインは、老年期においても脳組織の主要なカロテノイドであり、眼の網膜のルテイン濃度は脳のルテイン濃度と関連しています。ルテインを投与することで認知機能が改善するのです(Johnson, 2014)。

一方、子どもの脳では総カロテノイド中でルテインが占める割合は成人の2倍になります。このことは神経の発達にルテインが必要であることを物語っています。

卵のワンポイント
Lecture

卵殻の成分と資源化の可能性

卵殻は多孔質構造で、ところどころに気孔と呼ばれる穴があり、そこを通じて炭酸ガスや水分を放出しています。

卵殻の成分は95%が無機質で、そのほかはタンパク質とわずかな水分からできています。無機質のほとんどが炭酸カルシウムの結晶で、ほかには1%ほどの炭酸マグネシウムと少量のリンなどが含まれています(図1-6)。

卵殻は卵の総重量の11%を占めます。卵の生産に伴う卵殻の排出量は全国で毎年27万トンにもなります。その多くが活用されずに廃棄されているのが現状です。

そのような状況下で、食品工場では回収した卵殻を微粒子化してカルシウム補給源として育児食や介護食に使用したり、ソーセージやかまぼこなどを製造する際に物性改良剤として使用したりしています。また、農業分野では土壌改良材や作物に必要な微量要素を供給する肥料として使用されるほか、動物の飼料やチョーク、フィールドライン、シューズの滑り止め用底ゴム、スタッドレスタイヤの素材などにも使用されています。

人の骨量は加齢とともに減少しますが、とくに閉経後の女性ではカルシウム摂取量が少ないことに加え、エストロゲンの分泌が低下することから骨密度がさらに減少しやすくなることが知られています。

その予防対策として卵殻カルシウムの活用が考えられます。十文字学園女子大学大学院の山本茂教授は、農村地帯に住む閉経後のベトナム人女性を対象に、卵殻カルシウムの摂取が骨量に与える効果について検証を行ないました。年齢や骨量、BMI、カルシウム摂取量に適合した被験者をランダムに3群に分け、卵殻カルシウム群は卵殻から1日当たり300mgのカルシウムを、炭酸カルシウム群は炭酸カルシウムから1日300mgのカルシウムを摂取し、プラセボ群はカルシウムを摂取しませんでした。

試験開始後、6ヵ月目と12ヵ月目に骨量を測定したところ、卵殻カルシウム群の人たちの骨量は、12ヵ月目にほかの2群の人たちよりも有意に増加していました。卵殻カルシウムは多孔質構造のため、胃酸分泌量が低下する高齢者でも胃酸が孔の中まで浸透してカルシウムが溶け出しやすくなることを要因としてあげています（山本 2017年）。これは人体での有効性が明示された貴重な成果であり、まさに卵殻の凄さを示しています。

卵殻膜の活用

卵殻膜は卵殻と卵白の間にある二重の膜で、その膜はコラーゲンなど硬タンパク質を含んだメッシュ構造をしています。

明（中国）の時代に編まれた『本草綱目』には、卵殻膜を外傷治療に使用した例が記載されています。また、江戸時代の相撲力士たちの間で、傷口に卵殻膜を貼ると早く治すことができると経験的に知られていました。実際の臨床試験においても、卵殻膜を新たな傷口の被覆材として皮膚に貼った時の治療効果が認められています。

加水分解した卵殻膜は、ヒトの真皮繊維芽細胞の接着や増殖をすすめる効果があるほか、シスチンを多く含み、美白作用を有することから、化粧品の素材としても利用されています。さらに、卵殻膜は抗菌作用や傷口の治癒を促進させる作用、炎症を抑える作用などを有することも示されてきました。

近年、卵殻膜を超微粉末化する技術が開発され、食品素材としての活用が広がってきました。ラットでの試験により、超微粉末化させた卵殻膜は肝障害を抑制したり、マウスの腸炎を抑制したりする作用が認められています（加藤 2018年）。

第4章

七変化する卵

――素材性からみた卵

Ⅰ 卵の調理品と菓子類の歩み

古代ローマに花開いた卵料理

紀元前1500年までに、家畜化された鶏（採卵鶏）がエジプトと中国に伝来しています。

エジプトでは卵を茹でたり、揚げたり、ポーチにしたり、あるいはソースの材料にしたりしていました。紀元前800年頃には、採卵鶏はギリシャ、スペインなどにもたらされています。

ローマ帝国の全盛期（1世紀頃）には、美食家マルクス・ガビウス・アピキウスが書いたといわれる最古の料理研究書『アピキウス（料理大全）』が世に出ます。この本には、卵を使った料理としてカスタードや卵焼き、茹で卵、半熟の茹で卵、スフレ、オムレツなどのレシピが登場します。どれも魚醤（ガルム）などの調味料を使い、さまざまな食材と取り合わされた豪華なものです。

古代ローマの饗宴で、卵を食べるのが宴会の開始の合図とされ、いろいろな食べ方が工夫されていました。よく食べられたのは、熱い灰に転がして半熟にした卵です。オムレツは、蜂蜜入りのものや肉を包み込んだものが調理され、蜂蜜と麦こがしを混ぜて加熱したカスタードクリームもありました。

これら古代ローマの卵の料理法がヨーロッパ各地に伝わり、それぞれの地域独自の特徴をもつ卵の郷土料理として定着していきました。

14世紀のルネッサンス時代に、ヨーロッパに砂糖が輸入され、カスタードプリン、続いて卵液と砂糖にて泡立てたメレンゲ、さらにはスポンジケーキ、アイスクリームなどが開発されました。

こうした卵を使った洋菓子類は、15世紀以降、西欧列強のアジア進出に伴ってアジアにも広がることになります。日本にも南蛮貿易を通じて16世紀の中頃（戦国時代）にカステラなどの南蛮菓子が伝わり、その後、和菓子の発展にも大きな影響を与えることとなります。明治時代には洋菓子が次々と導入されました。

中国の歴史的な文献にみる卵料理

ここで中国の卵の歴史をみてみましょう。中国の六朝（222～589年）から隋（581～618年）・唐（618～907年）の時代にかけて多数成立した食と健康の宝典『食経』があります。このなかに「越国食砕金飯」という記述があります。「砕」はお米、「金」は黄色を意味しており、これは「卵炒飯（卵チャーハン）」のこととされています。また、「海螺厮」はごま油で炒めた羊肉に卵汁を混ぜた料理です。

　このような料理書が、日本の古墳時代から飛鳥時代に書かれていたことは驚きです。奈良時代にすでに中国から『食経』が日本に伝わっているということは、当然料理も日本に伝わっていたものと考えられます。

　さらに、明代（1368～1644年）の食養生書『遵生八牋（じゅんせいはっせん）』にも「卵」の項目があり、漬け卵、湯煎卵、煎り卵、埋め焼き卵など、さまざまな調理法が記載されています。続いて、清代（1636～1912年）を代表する食経の『養小録』にも「玉子」の項があり、煮玉子、玉子の泡立て蒸し、殻の軟化・除去した玉子、竜の玉子もどきなどの調理法が紹介されています。煮玉子は中国式のハムと一緒に煮る卵調理品です。

　しかしながら、中国からの肉料理については、日本の殺生禁断令の影響や羊肉などの材料不足から日本国内で広がることはなく、その影響からか、肉と卵の両者を用いた料理も日本では取り入れられていませんでした。当時生産される卵の数が少なく、高価であったことも、卵の調理が広がらなかった要因といえるでしょう。

奈良時代に大陸から卵料理・菓子が伝来

　歴史的にみて、日本は古来、中国や朝鮮の先進的な食文化を取り入れてきており、和食のルーツもほとんど中国大陸にありました。茶や豆腐、唐菓子、麺類などの食材や加工品、さらには日本料理に欠かせない酢や味噌、醤油、砂糖などの調味料なども、中国からその原形となる食品が伝来しています。

　奈良時代には、中国から穀類を加工した唐菓子が伝わります。カリントウ（花林糖）、茹でたシエンタン（アヒル、または鶏の卵を塩漬けしたもの）の黄身を入れた月餅、同様にシエンタンを入れた中国のちまきなどがそれにあたります。点心の一種の「金銀捲煎餅」は、「卵の黄身と白身に水を入れ、さらにきな粉を入れてこれらをよく混ぜ、広げて煎餅のようにし餡を包んで焼く」と『食経』に記載されています。

　このような卵料理品・菓子類の日本への伝播は、遣隋使、遣唐使、交易関係者などを通してもたらされたものだったようです。

　しかしながら、卵料理を日本が表面的には受け入れた記録はなく、平安時代の藤原氏一族の饗宴の料理をみても卵を使った料理や菓子類は見あたりません（熊倉２００７年）。

室町時代に書かれた日本におけるはじめての料理書らしい料理書『四条流包丁書』（１４８９年）にも、鶏肉と卵を材料とする料理はまったくみられません。

安土桃山時代になると、中国や朝鮮の食文化のほかに、ポルトガルとスペインを中心とした南蛮食文化が流入し、それに遅れてオランダの食文化も流入してきました。

こうした西洋の食文化の流入は、卵に対する認識も大きく変えました。当時の南蛮料理の影響は、日本料理の「てんぷら」（ポルトガル語のtemperarまたはtemperoに由来するといわれる）に典型的にみることができます。南蛮料理の特徴は、油脂、獣肉、卵を多用する点にありますが、てんぷらは調理法に油で揚げることを取り入れたものです。

とはいえ、当時の日本ではとても油が貴重であったため、めったにてんぷらをつくることができず、てんぷらが庶民に広がるのは菜種油の製造が本格的に始まる江戸時代になってからでした。

一方、卵を原料とした洋菓子のカステラのおいしさには、当時人々が驚いたといわれています。そのエピソードとして、豊臣秀吉が朝鮮半島への侵攻を画策して築城した肥前名護屋城（佐賀県唐津市）に逗留した際に、わざわざ長崎からカステラを取り寄せて賞味したことが知られています。

茶碗蒸しは中国料理の影響で生まれた

１６３９年、江戸幕府はキリスト教国（ポルトガルやスペインなど）の人たちに国外退去を命じ、鎖国の完成をみました。このとき、オランダと中国（明、清）、朝鮮、琉球の人々を例外としたことから、これらの国々の食文化の影響が相対的に大きくなりました。

なかでも中国料理の影響は重要です。江戸時代初期の長崎では、点心を中心とした「卓袱（しっぽく）料理」が伝来しました。これは、個別の膳ではなく、円卓をかこんで数人分を盛りつけた大皿のコース料理を味わう料理形式ですが、日本古来の伝統的な座食形式から、食卓とイスで食事をする形式に変わった点で、その食文化的な意義は大きいといえます。

円卓にのる料理のなかに中華風卵料理はそう多くはありませんが、長崎のズズヘイや卵を入れたあま酒、ピータン（皮蛋）などが出されていました。

ズズヘイのつくり方は、「大麦を充分にたっぷりの湯で煮てふやかす。水でよく洗い、小茶碗に少し入れる。卵に昆布のだしと醤油少しと焼塩を丁度よい加減に入れて、茶碗に入れて蒸す」と伝えられています。

その後、長崎に住む華僑の人々によって中国料理が普及しはじめますが、それらは日本人の味覚に合うように変化してきました。たとえば、カツオ節、昆布、煮干し、椎茸などでだしをとるということは日本で発達した料理法で、これが長崎ズズヘイにも用いられ、のちに「茶碗蒸し」となります。

だしを加えることや蒸すことによって独特な卵の食感が生まれ、和食素材としての卵のすばらしさをもたらしてくれます。ここに和風の卵料理の原点があるといえるでしょう。

中国風料理が長崎に伝わって年月を経るにしたがって、卓袱で食べる料理は日本的なものが多くなりました。これは日本の肉食禁止によって、素材としての肉が手に入りにくくなったことなどによっています。

オランダ人によって西洋料理が伝来

日本に西洋料理を伝えたのは、鎖国時代に長崎・出島のみで活動が許されたオランダ人です。その肉類を主体とした西洋料理の技術は、雇われ調理人などを通して国内に伝えられました。

日本人が招待されたオランダの正月献立をみると、中国料理風にアレンジしながらも、スープや肉料理などに加えて、卵とカステラも入っていました。オランダ商館での食事でも、卓袱台を使ってオランダ料理が出されています。とくに卵を主体にした特別の料理はありませんが、卵が副素材として使用されていました。

江戸時代には菜種油などの生産もすすんだため、油も入手しやすくなり、街中ではてんぷら屋台もさかんになりました。卵黄を衣に使ったものを「金ぷら」、卵白を使ったものを「銀ぷら」といい、とくに前者が好まれていました。

江戸時代に定着したユニークな卵料理

日本初の本格的料理書といわれる『料理物語』（1643年）には、卵を使った料理や菓子類が多く記されています。たとえば、「みのに（美濃煮）、玉子ふわふわ、まきかまぼこ、玉子はす、玉子素麺」です。

そのうち、「みのに」は卵を金杓子に割り入れ、そのまま湯煮して固まらせたもので、吸いものに使います。「玉子ふわふわ」は卵を溶き、だしや溜り醤油、煎り酒などで調味し、やわらかく煮るか蒸すかしたもので、江戸時代を通じて広く愛好されました。

この料理は後水尾《ごみずのお》天皇が二条城へ行幸されたときのもてなしの一品で、天皇に「玉子料理」として出されていました。その後、多くの藩の行事などの記録に「玉子料理」が出されていますが、日常的に庶民の口に入るものではなかったようです。

それでも江戸後期になると、弥次さん喜多さんでお馴染みの十返舎一九『東海道中膝栗毛《とうかいどうちゅうひざくりげ》』（1802～1814年初刷）でも、弥次さんが袋井の茶店で「玉子ふわふわ」を食べるシーンが描かれています。

新しい食べものをいち早く受け入れている人でさえ、ようやく江戸末期になって卵を食べる習慣が定着したのです。

その一方で、卵を食べてはいけないという従来からの風習も残ります。とはいえ、食べるなといわれると食べたくなるのが人情です。俳諧書『長ふくべ』（野田治兵衛　1731年）には次のような句が載っています。

「かすてらとなれば玉子も僧の菓子」

ふだん卵を忌避する僧侶でも、卵の姿が見えないかすてらを食べるのは問題ないのだなあという、この句の皮肉っぽい内容は実にユニークです。

江戸時代の料理書にみる卵料理

1785年に書かれた、世界における卵料理に関する専門書の先駆けとなった『万宝料理秘密箱』は「卵百珍」とも呼ばれ、卵料理が103例紹介されています。これには、前述の長崎ズズヘイ、利休卵（すりごまに溶き卵を加えて蒸す）、時雨卵（溶き卵に蛤の身を混ぜて蒸す）、卵どじょう（どじょうの卵とじ）、さらに卵の中心に白身、それを取り囲んで黄身が凝固する「黄身返し卵」のような特別な調理技術も記載されています。

また、卵白に金箔、鍋墨、生燕脂《しょうえんじ》、青菜汁などで着色したものや、薄焼き卵を巻くなど趣向を凝らした細工的なものが多くみられます。
「巻煮卵」は「半熟にして小麦粉をつけ、再び油で揚げます。直接油で揚げるより、姿が美しく仕上がります」と記載されています。いまでいう卵フライで、南蛮料理のてんぷらの技術を導入した洋風の卵料理です。また、煮貫《にぬき》は茹で卵のことです。

このような調理品に加えて菓子類として、饅頭卵、カステラ卵、卵素麺、泡雪卵、冷やし卵羊羹、ちまき卵、卵煎餅なども紹介されています。

Column

時代小説集『卵のふわふわ』

作家・宇江佐真理さんの時代小説6話が収められた『卵のふわふわ　八丁堀喰い物草紙・江戸前でもなし』があります。そのなかで卵の料理に関連して、江戸を彩る食べものに温かい人情が絡んだ物語として、「秘伝　黄身返し卵」と「安堵卵のふわふわ」の二つの話が出てきます。

「黄身返し卵」では、ゆで卵の白身と黄身が裏返しになった珍しい卵料理が、次のようなくだりで紹介されています。「白身が中で外側が黄身になるということだ。そんな卵があるのなら、のぶだって見てみたい。いや食べてみたい」「しかし、殻を剥いたその正体は、白身と黄身がまだらになった汚らしい代物だった。」「『人はね、当たり前のことがおもしろくないんだよ。裏返しや逆さまが好きなのさ。とどのつまり、人って生き物はへそ曲がりなんだよ。』」

一方、「卵のふわふわ」では、主人公「のぶ」が舅の忠右衛門のために卵料理の「卵のふわふわ」をつくるくだりがあります。「鰹節のだしをつかい、醤油味の勝ったすまし汁に仕立てる。小鍋にすまし汁を煮立たせ、砂糖をほんの少し入れた卵をよく掻き混ぜ、鍋の縁からいっきに落とし込んで蓋をする。ゆっくり十数えて出来上がり。椀によそい、あれば胡椒を掛けて食べる。」「それは作り方こそ、さして難しいものではなかった。問題は火加減だろうと、のぶは思った。火鉢の火を強くして、一気呵成に拵しらえる」「『卵のふわふわは1個ずつしかできないところがミソですね。黄色みを増そうと余分に加えてもうまくゆきません。それに砂糖を少々加えるとふんわりとなるのも不思議議です。どうしてそうなるか……きっと眼に見えない摂理があるのでしょうね。』」とあります。

作家の意図としては卵料理によって庶民の平和な家庭の状態を描写しようとしたものでしょうが、卵が調理過程で物性上変化していく様が細かく描かれている点が興味を引きます。和食料理に砂糖を使っている点に新味を感じます。

このうち、饅頭卵は茹で卵の黄身を取り除いてあんを詰めたもので、見た目にはお饅頭のようなものです。菓子類においても、卵の加熱処理による素材の物性変化をうまく捉えて利用しています。

なお、江戸時代の調理卵の一般的な食べ方は、茹で卵、半熟卵、卵とじ、ふわふわ卵、卵焼き、茶碗蒸しでした。『万宝料理秘密箱』に続く、江戸後期の料理書『水料理焼方玉子細工』（1846年）には31種の卵料理が詳しく記されています。料理本来の味を変えない卵の性質が多彩な料理に使われる背景となり、和食としての卵を受け入れたのでしょう。

南蛮や中国由来のさまざまな卵菓子

南蛮文化の影響を受けて普及してきた菓子類は、進歩的な茶人の異国趣味を呼び起こし、いままでとはまったく異質の南蛮菓子を開拓することになり、卵が材料として使われるようになりました。その例は砂糖もかなり使うことから卵糖とも呼ばれていたカステラです。伝来時の製法は『八遷卓燕式記《はっせんたくえんしきき》』によると、「ウンドンの粉一升、砂糖二斤、玉子五十、よく擂り合わせ、鍋に入れ、上下より火をかけ焼き申し候」とあります。当時、卵黄の強烈な香りと、しっとりとした湿り具合が世人の気に入らないため、原料や焼き方に改良を加えた「釜カステラ」がつくりだされました。

もう一つの「鶏卵素麺」という菓子は西欧の伝来菓子ではなく、南蛮風に工夫を凝らした茶の湯の菓子というべきかもしれません。福岡の「鶏卵素麺」は、江戸時代藩主黒田家より江戸将軍家に献納されていた名菓で、卵黄に小麦粉を少し加えた卵液を煮立てた氷糖の蜜の中へ素麺状に流しこんで煮つめたものです。さらに、佐賀名産の「丸芳露（ボーロ）」、松山名産の「タルト」も茶の湯の菓子です。

江戸後期の庶民的な「カリントウ」は、もとをたどれば遣唐使が唐より伝えた唐菓子です。小麦粉に卵、砂糖を加えて練り、油で揚げ黒砂糖をまぶした菓子ですが、当時は日本風に調製していました。また、卵、小麦粉、砂糖を使っての和生菓子としては、どら焼きがあげられます。現在、どら焼きといえば卵や砂糖などを加えた小麦粉生地を丸く焼き、二枚であんをはさんだものですが、江戸時代では卵を加えない小麦粉生地で金つばに近い菓子であったようです。卵を使った生地は明治以降と考えられます。今川焼も現在のように卵を使った小麦粉生地だったとはいいきれません。

江戸時代に人気の卵焼きと茹で卵

江戸末期の鮨ネタのうちもっとも高価だったのが、卵焼きとされています。握り鮓の「玉子」は、いまのように「厚焼き玉子」ではない「薄焼き玉子」を用いており、いまの鮨店で「鮨玉」といわれているものに相当します。「玉子巻き」の飯にはノリが混ぜてあり、干瓢が入っています。握り鮨は、だいたい八文で、「玉子巻き」は十六文（現在価格で320円程度）でした（図4−1）。江戸の町は男性の独身者が多く、料理するうえで卵ほど便利なものはありませんでした。江戸時代の町人の最大の楽しみは芝居見物で弁当を持参しました。折詰にごはんと魚の照り焼きや卵焼き、かまぼこ、煮豆などを入れたご馳走でした。

図4−1　握り鮨の種類
（『守貞謾稿』後集巻之一・食類）
上から、玉子、玉子巻（飯ニ海苔ヲ交ヘ干瓢ヲ入ル）、海苔巻（干瓢ヲ巻込）、鹿同、アナゴ、白魚、中結、干瓢、刺み、コハダ

『江戸商売図絵』には、ほおかぶりをして右手をふところ手にし、着物のすそをからげて帯のうしろにかけ、つぎをあてたパッチをはき、左手に卵を入れた籠をもった卵売りの男の絵が載っています。絵は歌川国貞によるものです（図4−2）。「卵　卵　あひるの卵」、あるいは「卵　卵」といって売り歩いていたそうです。

同様に、『守貞謾稿《もりさだまんこう》』にも「湯出鶏卵」（茹で卵）の項があり、「鶏卵の水煮を売る。価大約二十文。詞に、〝卵たあまご〟と云う。必ず二声のみ。一声もまた三

図4−2　卵売りの男の絵
（『江戸商売図絵』より）

声も云はず。因みに云ふ、四月八日には、鶏とあひるの玉子を売る」とあります。両者の売り声に若干の違いがあるのも面白いです。また、幕末には鶏卵とアヒル卵が普及していたことがわかります。

「一声も三声も呼ばぬ玉子売り」「ゆで玉子ゆで玉子と八声ほどによび」。江戸をリアルに示す句で、八声とは明け方に鳴く鶏の声です。茹で卵1個20文は現在価格で約400円です。

京都の料理屋、南禅寺門前に店を構えた瓢亭《ひょうてい》には、名物料理の「煮抜玉子」が今日も半熟卵として伝わっています。「瓢亭玉子」は、卵を半熟にして半分に切っただけの簡単な料理品ですが、幕末に店を開いた頃は、卵の白身を固く、黄身をとろりと半熟にすることが珍しがられました。半熟の黄身の美しさと濃厚な味わい、これが固く茹でられた白身の中から現われてくる姿が料理の不思議さを感じさせるもので、「たかが卵、されど卵」です。ほかの調理品と並べて器に入れられておりますと、半分に切られた半熟卵の色合いが見事に調和しています。

明治以降に卵料理も和洋折衷で変化

江戸時代後期の1853年、浦賀沖に黒船が出現し、その後は1854年の日米和親条約締結を皮切りに一気にヨーロッパ各国との国交が開始されることになりました。横浜周辺に外国人の居留が始まり、新たに西洋の食文化が流入することになります。

横浜にやってきた欧米人の食べものは、パンや食肉、野菜、牛乳、バター、チーズが主体でした。

こうした欧米人の食べものに影響を受けて和洋折衷の料理が始まりました。明治の文明開化期に流行った「牛鍋」です。西洋人の食べていた牛肉を、ネギと一緒に味噌、醤油、砂糖という日本の調味料で煮たもので、しかもそれをごはんのおかずにしてしまいました。この和洋折衷料理の元祖は、やがて焼くことを主体にした「すき焼き」へと移行します。「すき焼き」も生の卵をからめて食べることが多く、和洋折衷料理に卵が使われていることがみて取れます。また、肉類を卵でとじた「卵とじ」は米飯とよく合ったため、親子丼などの洋風な和食料理として、大衆食堂で出され、大いに繁盛しました。

洋の東西を問わず、庶民的な料理として位置づけられるのは「卵焼き」です。西洋の牛乳とバターを使った「オムレツ」は、日本人の味覚に合うようにだし汁や醤油を使った和風の厚焼き卵へと和洋折衷で変化しました。

　また、「オムレツ」はごはんと組み合わさって「オムライス」へと変化しました。卵を使用した西洋料理が和食との折衷をへて「洋食」へと変化したものです。

　和食に対する洋食とは、大雑把にいえば明治以降、昭和初期までの頃に西洋から日本に移入され定着した調理品を示すカテゴリーです。明治末期から大正期にかけての時期には、次第に慣れ親しまれてきた西洋料理が和洋折衷型に形を変えて、洋食として日本の中流家庭の食卓に入ってきたのです。


　大正中期は、第一次世界大戦の影響で日本経済が未曾有の好況を経験した時期にあたり、欧米風の多様な食事形態が一般家庭に取り入れられていく動きが始まった頃ともいえます。

　欧米諸国において目玉焼きは、古代ローマの頃からあるフライパンで調理される代表的な卵料理ですが、日本ではフライパンのない時代にはつくることはむずかしかったようです。したがって、『万宝料理秘密箱』のなかにも料理として出てきません。明治以降にフライパンを使った調理法が導入されることで、日本でも

Column

日本で生まれた米のオムレツ「オムライス」

　お米のオムレツ「オムライス」は、洋食のオムレツを日本人の主食の米と一緒に食べるために創意工夫されて生まれたメニューです。オムライスのおいしさは、何といっても卵がふんわり、とろっとしていること、それにケチャップライスがしっとりとしていて卵と一体感があることです。

　オムライスの発祥を自称する店はいくつかありますが、なかでも東京銀座の『煉瓦亭』や大阪心斎橋の『北極星』が有名です。

　煉瓦亭のオムライスは、溶き卵に白飯とみじん切りの具材、調味料を混ぜて焼いたものです。ライスを卵で包まないごはん粒が入った卵焼きのような料理です。忙しい厨房でもスプーン一つで食べられるようにと考案されたものでした。村井弦斎の『食道楽』の付録には「米のオムレツ」として記載されていますが、この煉瓦亭のオムレツを食したうえで執筆したのかもしれません。

　北極星のオムライスはマッシュルームとタマネギを入れたケチャップライスを薄焼き卵で包んだもので、現在の一般的なオムライスに近い料理です。いつも白飯とオムレツを注文するお客さんに対する店主の思いから生まれたとされています。

食卓でみられるようになったのです。

マヨネーズは、外国人居留地の整備が本格化した1860年以降、外国人の食事で使用されていました。また、その後、和製のウスターソースとトマトケチャップが製造・発売され、それらをかけて食べる卵料理が人気を集めました。そのほか、食材に卵とパン粉をつけて油で揚げる「フライ（揚げもの）」料理も増えています。

このように、独自の和食文化を守りながらも、卵という食材をうまく西洋の調理技術を取り入れることで、和食に融合させてきた明治時代の日本人の知恵には本当に感心します。

日本特有の卵料理も国外にルーツ

以上のように日本の食文化の流れをみてみると、卵料理はとりわけ江戸時代以降に、先行する世界（西洋諸国や中国）の影響を受けながら独自の発展をみました。洋風卵料理としては、スクランブルエッグやオムレツ、スフレ、茹で卵のサラダ、卵のコロッケなど、中国風卵料理としてはカニ玉や卵焼きのトマトソースかけなどです。

和風の卵料理としては、現在茹で卵や厚焼き卵、伊達巻き、茶碗蒸し、かき卵汁、卵とじ、卵豆腐、黄身酢和えなどがありますが、これらはすべて何かしら外国にルーツがあるのです。

第1章でも触れた上村行世『戦前学生の食生活事情』には、大正13（1924）年頃の旧制第一高等学校のメニューが記載されていますが、献立にはじめてカタカナの洋風料理が登場しています（表4−1）。卵を

表4−1　旧制第一高等学校ホールメニュー
（旧制第一高等学校『向陵史』大正14年版）

田舎まんじゅう	二銭	ライスカレー	二十銭
大福餅	二銭	ヤサイサラダ	二十銭
牛乳	八銭	のり飯	十八銭
パン	十銭	天丼	三十銭
ゆであずき	五銭	天とじ	三十銭
紅茶	五銭	玉子丼	三十銭
コーヒー	五銭	親子丼	三十銭
ココア	八銭	月見そば	二十銭
メンチボール	三十銭	天ぷらそば	二十銭
ハムライス	三十銭	玉子とじ	二十銭
コロッケ	三十銭	天南ばん	十五銭
ハヤシライス	二十五銭	ねぎ南ばん	十五銭
やきぶた	二十五銭	揚玉そば	十銭
ポークソティー	二十五銭	ざるそば	八銭
ポークカツレツ	二十銭	花まき	八銭
ランチ	三十銭	もりかけ	五銭
オムレツ	二十五銭		

素材にした料理がほかの洋風料理とほぼ同価格であることは、現在の大学の食堂と似ています。

明治の末から大正の初めにかけて、旧制一高で学生生活を送った渋沢秀雄さんの回想記には、「賄《まかない》の出すオムレツは玉子の薄焼き技術に徹したもので、吸取紙ぐらいの皮が中の馬鈴薯やごぼうを包んでいた」と記されています。

和菓子の材料の一つとなった卵

一方、和菓子は洋食と同じように、明治時代以降にヨーロッパから新しく入ってきた洋菓子に対する言葉で、餅菓子や羊羹、饅頭、最中、落雁、煎餅などが含まれます。また遣唐使がもたらした唐菓子、また近世にポルトガルなどからもたらされ、日本国内で独自の発展をとげた南蛮菓子も和菓子の一種とみなされています。

洋菓子では油脂や香辛料、乳製品を多く用いるのに対して、和菓子では米や麦などの穀類、豆類、葛粉などのでんぷんを主原料としています。とくに小豆などの豆類を加工したあんが重要です。

卵を上手に使った菓子も多くつくられ、新しい明治時代にふさわしい郷土名産の菓子が各地で生まれました。姿を消してしまった菓子も少なくありませんが、いまでも名産としてつくられている名産菓子としては、卵白をよく泡立てて、それに煮立てた寒天と砂糖を加えてよく混ぜ、フネに流しこんで冷却凝固させた「泡雪卵」などが有名です。

そのほか、生の和菓子としては「黄身しぐれ」と「たい焼き」があげられます。黄身しぐれは白あんに卵黄を混ぜてこね、蒸したもので、卵の黄身の色が洋風な華やかさを感じさせます。一方、たい焼きは卵を使った生地をたいの形に型どり、小豆のあんを詰めて焼いたものですが、昭和の大ヒット曲「およげ！たいやきくん」（昭和50（１９７５）年作）の影響もあって人気が沸騰しました。

このように和菓子の材料では植物性のものが主体となりますが、そのなかで卵は唯一動物性のものともいえ、焼菓子や蒸菓子に広く使われています。

戦後急速にアメリカナイズされた食生活

日本における食生活の変化を語る際に、江戸時代と明治維新は重要な時期になりますが、第二次世界大戦後の食生活の変化も同じように重要です。戦後の長い占領期間中（昭和20～27（１９４５～１９５２）年）に、日本の生活や文化などがアメリカナイズされ、大きく変化しました。

また、フライパンを使って油で炒めるという調理方法の普及により、食材や料理が変化するとともに、ちゃぶ台からダイニングテーブルへと食べる環境なども含めて、生活全般がアメリカナイズされていきました。

しかし、単に外からの刺激や模倣で生活全般にこのような変化が起こるでしょうか。これは日本人独特の工夫があっての結果ではないかと考えます。前述したように、日本独特のだし汁と卵による茶碗蒸しや、ごはんのおいしさを卵でくるむオムライスなどは、日本元来の食文化に卵を取り込んで新たな形態に展開している点に、日本人の知恵の独自性と柔軟性を感じます。

戦後、当時の国民の貧弱な栄養状態を改善するため、政府は肉や油を使った料理を摂るよう啓蒙し、学校給食のメニューにもパンや牛乳とともにこれらを積極的に取り入れようとしました。

高度経済成長期以降さらに欧米化

その後、朝鮮戦争(昭和25～28〔1950～1953〕年による特需によって日本経済が復興し、昭和31〔1956〕年には「もはや戦後ではない」と宣言され、「高度経済成長」といわれる好景気に見舞われ、国民所得も大幅に増加していきました。

かくして食生活もこうした経済のうねりのなかで、高脂肪・高タンパク質の欧米化が一層すすみ、パンに牛乳、卵、ハムという朝食を摂る家庭が増え、夕食の食卓にはハンバーグやカレーライス、オムレツなどの料理が並ぶようになりました。

この頃から冷凍食品や調理済み食品などが次々に現われ、調味料や油脂の利用もこの時代に大きく変化しました。

1950(昭和25)年代後半から1970(昭和45)年代前半にかけての動きをみると、伝統的な調味料である味噌と醤油の消費量がほぼ半減し、酢とケチャップは横ばい、マヨネーズや食用油、マーガリンは消費量が増加しています。

とくに卵黄を加工素材に使うマヨネーズの消費量が増加したことは、卵の消費量の増加にもつながりました。トマトやレタス、キャベツなどの生野菜にマヨネーズをつけて食べるようになるのは戦後に広がったことですが、それにより和風サラダともいえる酢の物が洋風のマヨネーズサラダに代替されようとしています。

一方、1960(昭和35)年代は、昔からの定食屋や寿司屋、蕎麦屋、中国料理店、トンカツ屋のような食堂ジャンルに加えて、洋食を中心に扱う外食店が質、量ともに広がった時期でもあり、のちに1970（昭和45）年は「外食元年」と定義されています（日本フードサービス協会）。

1960年代の食事は理想的な栄養バランス

このように料理は洋風化に向かったものの、家庭料理の伝統的な献立の形式は変わらず、ごはん（またはパン、麺類）に一汁二菜か三菜、それにプラスして常備菜というようなものでした。この一種類の汁物と三種類のお菜（おかず）からなる日本食（和食）の基本的な食事スタイルは栄養バランスの点ですぐれたものです。とくに、おかずとして高脂肪・高タンパク質の洋風料理が食卓に並びはじめた1960（昭和35）年代の食事が理想的な栄養バランスといわれています。

そこでは「うま味」を上手に使うことによって塩や醤油などの使いすぎを抑え、しかも油（脂肪）といった本能的に求める味に過度に依存しなくてもおいしい味をつくり出しています。そのため動物性脂肪の少ない食生活を実現し、日本人の長寿と肥満防止に貢献してきました。

その一方で、東京オリンピックで日本中が沸いた1964（昭和39）年頃には各地にスーパーマーケットができ、インスタント食品や冷凍食品の消費量が増え、都市部では肉類や乳製品、油脂の消費量が増え、家庭料理は次第に洋風化がすすみました。

そして1986（昭和61）年頃には、肉や乳製品の需要がさらに高まり、子どもたちの人気メニューの上位も卵焼きからハンバーグへと変化していきました。

そして、ついに平成22（2010）年以降は肉類の摂取量が魚介類を超えています。「米と魚を中心にした食生活」という日本食のイメージは、今日大きく変化しています。

人気の高い卵使用のスイーツ類

以上のように食生活が欧米化するなかで、卵を使ったおやつは常に人気を集めてきました。

日本人を対象にしたアンケート調査（キユーピー㈱『たまご白書』2017年））によると、食べたいスイーツの上位はプリン、シュークリーム、チーズケーキ、ショートケーキと続きます。オーソドックスなメニューが上位を占めていますがいずれも卵を使ったおやつです。

1位のプリンは牛乳と砂糖、卵黄を混ぜ、加熱して凝固させたもので、卵黄の濃さと質感が決め手です。

ポルトガル生まれのエッグタルトは、香港やマカオを経由して中国全土に広まった甘いお菓子です。その経由別に生地も違い、食感も異なっています。タルトとは、ビスケット生地やパイ生地でつくった器に詰め物をしたお菓子や料理の総称ですが、エッグタルトは卵をおもな材料とした詰め物をタルト生地に詰めてオーブンで焼いたお菓子です。

そのほか、さまざまな焼菓子にも卵を使用したものが少なくありません。洋菓子と和菓子に加え、あんぱんやクリーム入りの饅頭といった和洋折衷の菓子も生まれました。

2 変幻自在な卵を操る技術

地域独自の方法でつくった卵加工品

世界では地域ごとに、その土地の気候や風土に根ざして育ち、生産される食材があります。そして、その食材は地域特有の需要や文化にもっとも適した方法で加工され、多様な加工品がつくられてきました。

たとえば、発酵食品では家畜乳から加工されるチーズやヨーグルトなどの乳製品、大豆から加工される味噌や納豆などが代表的な加工品としてあげられます。

一方、卵は殻付きのままだと保存性が高い食品であることから、卵の発酵食品はほとんどありません。特殊な例としては、中国に主としてアヒルの卵を用いた発酵卵があります。

これは、酒粕を主原料としたタレにアヒルの卵を漬け込み、4～6ヵ月間熟成させたもので、「糟蛋（そうたん、ザオダン）」と呼ばれます。漬けることにより乳酸菌などによる発酵がすすみます。

また、発酵製品ではありませんが、未加熱の殻付き卵のまま保存性のある加工食品にした例として、アルカリ浸漬《しんし》してつくる「皮蛋（ピータン）」があります。元来はアヒルの卵の加工品ですが、鶏やウズラの卵のものも市販されています。紅茶の葉と石灰や木炭をまぜてペースト状にした粘土を卵の表面に塗り、さらに籾殻をまぶして土やかめの中のような冷暗所（25～35℃）に4～6週間ほど貯蔵してつくります。卵白タンパク質がアルカリ変性を起こし、褐色半透明の弾力性があるゲルとなり、その際に発生する硫化水素の臭いがあります。この硫化水素が卵黄中の鉄分と結合し、卵黄の色は暗緑色となります。

加工上の利便性が高い液卵

殻付き卵ではなく、殻を割る手間が省ける簡便性の高い「液卵」も重宝がられています。この液卵とは、工業的に割卵し、全卵で使うか、必要に応じて卵黄と卵白を分けます。

液卵は未殺菌の場合と安全面から熱殺菌されている場合があり、さらに冷蔵か冷凍の二種類があります。

全卵を殺菌する場合は、60℃で3分30秒以上の低温殺菌処理が行なわれています。この処理で若干の起泡性・気泡安定性の低下は避けられませんが、熱殺菌されて凍結された液卵は、割卵にかかる労力やその処理に伴う卵殻の発生もなく、さらにサルモネラ菌の心配もありません。このように簡便なうえに、保存性もよいことなどから、解凍後に食品企業やレストランなどでの加工・調理素材に広く使用されています。

このほか、用途に応じて各種の液卵が調理・加工素材として利用されています。

卵白液卵の場合はかまぼこやちくわ、調理品などに、卵黄の場合は製パンやアイスクリームなどに、全卵の場合は製パンや調理品などに利用されます。

なかには、味付けされて熱殺菌・凍結処理された全卵が一人用にパックされ、病院などで卵かけごはん用とか、ソース用に使用されているものもあります。

ただし、卵黄を凍結保存すると、卵黄リポタンパク質のゲル化や凝集が起き、保存中に徐々に粘度が上昇して溶解度が悪くなり、商品価値が下がってしまいます。こうした凍結変性を防止するために、卵黄に砂糖（濃度10～20％）や食塩（濃度5～10％）を添加したうえで凍結させ、一部の加工品の素材として利用されています。

扱いやすい乾燥粉末卵

粉末にした卵もあります。噴霧乾燥と凍結乾燥による製法がありますが、一般的には費用の面から噴霧乾燥法が多くの場合、利用されています。

この噴霧乾燥法は、１００℃以上のドライヤー内に液卵を霧状に噴霧し、瞬間的に水分を蒸発させ粉末化するものです。卵にかかる温度は60～70℃ほどで、卵のタンパク質の一部は熱変性するため、水への溶解度も低下し、生卵にみられるような物性は殺菌液卵よりさらに低下します。

とはいえ、水分含量が5％前後と低いため、扱いやすくなります。噴霧乾燥した製品は、保存性を高めるために熱殺菌する必要があり、乾燥卵白の場合は、高温（60～80℃）の倉庫内で数日から数週間ほど殺菌します。

この処置により、乾燥卵白は溶解度を保持したまま、ゲル強度や乳化性、起泡性、保水性が向上することが発見されました。これはタンパク質の変性と化学的変化によるものと解析されています。

乾燥粉末卵の用途としては、卵白粉がハムやソーセージ製造や製麺に、卵黄が製麺や製パンに、全卵は製菓や製パン、製麺などに用いられます。

魔法のような卵の調理・加工機能

日本では、卵を重さによってSS～LLの6段階に分類しています（表3－4）。スーパーマーケットなどの小売店で人気があるのは大きめのM、Lサイズですが、最近ではSやMSの小さいサイズがコンビニのおでん用として需要が伸びています。

卵はサイズが大きいほど卵白の割合が高くなる傾向があるため、卵白を多く使うメレンゲやエンゼルケーキ、マシュマロなどの料理には大きめのL、LLサイズを使うほうがよいでしょう。

卵はおもに副素材や物性改良剤として加工品に使われることが多いですが、たとえばケーキやマヨネーズにみられるように、主素材の特徴を活かす数多くの匠の技が生まれました。これは、卵が卵白、卵黄ともにすばらしい食品物性をもっていることによっています。生卵に熱を加えるだけで、トロトロとした液状の溶液がまるで魔法のようにゲルや凝固物に大変身するような食材はほかにありません（表4－2）。

表4－2　卵の調理・加工機能

機能	おもな使用例
乳化性	マヨネーズ、ドレッシング、アイスクリーム、バタースポンジ
起泡性	スポンジケーキ、シフォンケーキ、メレンゲ、淡雪寒天、マシュマロ
熱凝固・ゲル化性	カスタードプリン、カスタードクリーム、茶碗蒸し、卵焼き、ピータン
風味・色調	カステラ、パン、マヨネーズ、ホットケーキ

調理や加工に魅力的な卵の物性機能

卵を調理・加工するうえで便利なのは、割卵して卵白と卵黄に分けて使えるとともに、それを混合して全卵に調製できることです。それぞれの特徴を活かして調理や加工に使うことができるのは魅力です。

また、脱脂するような操作をすることもなく、10％程度の卵白タンパク質の溶液が得られる点も卵の魅力の一つです。

さらに卵は水やだし汁、牛乳などで溶いて、薄めることもできます。この希釈性と凝固性をうまく利用したのが茶碗蒸しや卵豆腐、カスタードプリンなどです。

カスタードプリンがおいしいのは、卵20％に対して、砂糖15％、牛乳65％が加わることで、ゲルが滑らかになるためです。これらの機能を担っているのは、卵白ではオボアルブミンを主体とした水溶性のタンパク質と繊維状の糖タンパク質のオボムチン、卵黄では水溶性のリベチンと水に懸濁しているLDLとグラニュール（HDL、ホスビチンなど）です。

食べものをおいしくみせる卵黄の色

調理に卵黄を使用する目的の一つに、調理品や加工品に色を付けることがあります。とくに卵焼きや卵豆腐、茹で卵、マヨネーズ、カスタードクリーム、カステラ、スポンジケーキ、アイスクリームなどでは、卵黄のおいしそうな黄色い色が嗜好性を高めます。

さらに卵黄の色の異なるものを上手に使い分けることによって、より嗜好性を高めた色合いに仕上げることができます。

たとえば、飼料米を与えて飼育した鶏の卵の卵黄は白っぽくなりますが、これは淡い色の菓子の製造に適しています。

このように、卵黄の色は飼料への色素の添加によって変えることができます。ちなみに、黒色の色素（スタンブラック）を0・1％添加した黒い餌を15日間投与すると、黒っぽい卵黄になります。実際にこの卵黄を使った加工品の製造も試みられています。

卵白ペプチドの抗酸化効果

卵白・卵黄のタンパク質をタンパク分解酵素で処理して得られるペプチドは、アミノ酸でもタンパク質でもない機能をもちます。その食品上の機能としては、耐熱性や起泡性、易消化性、易吸収性、低アレルゲン性、抗菌・抗ウイルス活性、抗酸化性などがあげられます。

現在、卵白ペプチドは粉末化され、酸化されやすい多価不飽和脂肪酸などに対して抗酸化の機能を有する素材として利用されています。マヨネーズのような乳化物の酸化抑制にも効果的で、ＥＤＴＡ（エチレンジアミン四酢酸）のような添加物を使用せずに酸化を防止できるため、天然成分の素材としてとても魅力的です。

分子量で約１１００ある卵白ペプチドを卵黄使用のマヨネーズに０・９％加えて、その酸化防止効果をＥＤＴＡと比較したところ、酸化防止効果としてはＥＤＴＡを１００ppm配合した場合とほぼ同等の結果が得られました（小林ら ２００８年・２０１５年）。

水産練り製品の味覚や食感、色艶向上に

卵は素材の一つとして水産（魚肉）練り製品に使用されています。この魚のすり身に卵を混ぜる加工技術は江戸時代から続くものです。

『翻刻　江戸時代料理本集成』には「玉子かまぼこ」が記載されています。卵製品のなかでも魚のすり身を利用した加工品の場合、すり身に加える卵の割合が多く、つなぎとしての役割よりは、味覚や食感などを重視した製品でした。

その代表である「伊達巻き」は、かまぼこやはんぺんなどに卵の卵白を使用して、残った卵黄を利用したものといわれ、甘みが強いスポンジ状の製品です。簀（す）で渦巻状に巻いた伊達巻きのほかに、地域によって四角く厚く焼いた厚焼きや、関西では梅形に焼いた梅焼きなどもあります。

このように、素材に卵白を混ぜると味が補強され、色艶も改善される効果があります。一方、卵黄を混合すると、味が補強される効果ではなく、空気を抱き込んでソフトな食感を出したり、鮮やかな色調を増したりする効果があります。

こうした卵液の加工特性の違いを利用して、混ぜる材料（魚のすり身など）によってバラエティに富んだ料理や加工品の開発が可能となります。

江戸時代の料理レシピ集である『万宝料理秘密箱』には、かまぼこのつくり方が秘伝として掲載されています。

「卵蒲鉾」（焼き蒸しの板かまぼこ）は、「鱧でも鯛でも、まず身をこそげてかるくすりのばし、卵の白身を半分より多めに入れてよくすりのばす。すり身は少なめがよい。寒ざらし粉を少し、卵の白身で溶いてすり混ぜ、板につけ、表面を少し火にあぶってから、蒸籠に入れ

て蒸す」とあります。

これ以外にも「卵山吹蒲鉾」があり、このつくり方は「茹で卵の黄身を、鱧か鯛のすり身にすり込み、生卵の黄身を半分混ぜて、すりのばす。焦げない程度に少し焼き目をつけて蒸す」とあります。

沖縄の「かまぼこ」製品の一つに「カステラかまぼこ」があります。これはカステラに魚のすり身を加えたものです。

日本から入った水産練り製品の技術が、琉球王朝の宮廷料理に用いられ、それが庶民にも広がり、行事料理として伝承され、独特の形となって発展したものです。カステラとかまぼこという二つの異質なものが出会い、そこから新しい食の文化が生み出された例といえます。

畜肉加工品の食感向上や劣化防止に使用

日本における畜肉加工品の歴史は新しく、本格的につくられるようになったのは、明治以降です。明治10（1877）年に、イギリス人ウイリアム・カーチスが横浜の自営ホテルでハム・ソーセージづくりをはじめ、この製法を引き継いで斉藤万平と益田直蔵が製造をはじめましたが、品質的には未熟なものだったようです。

その技術が向上するのは大正時代に入ってからです。とくに第一次世界大戦（1914～1918年）後に欧米から上等な輸入品が本格的に入ってくるようになり、また日本に収容されたドイツ人捕虜のなかにハム・ソーセージの優秀な技術者（カール・ヤーン）がいて、当時の農林省が彼を講師としてその製法を教習させたことにより、製造技術は格段に高まることになります。

このような歴史を背景に、ハム・ソーセージは次第に日本人の食生活に浸透していき、高度成長期（1955～1972年）になると日常的に庶民の食卓にものるようになりました。

畜肉（豚肉、牛肉、鶏肉など）を原料とした加工品には、ハム・ソーセージをはじめとして、ハンバーグや唐揚げ、餃子、焼売（しゅうまい）など多様なものがあります。こうした加工品において、卵白は淡泊な風味で畜肉の風味を損なうことなく、さらに熱凝固力や乳化力がすぐれているため、畜肉タンパク質の結着力の補強と保水力の向上に中心的な役割を担っています。

畜肉加工品の製造に際しては、卵ばかりでなく、乳や大豆などのタンパク質も使用され、これらを組み合わせることによって畜肉加工品の柔らかさやジューシーさなどの食感が高まります。また、解凍時にうま味や栄養を含んだ水分が流失するドリップによるダメージを防ぐなどして、食品の物性を向上させます。実際に近年では、熱蔵（60～80℃程度の高温で長時間保管すること）・殺菌した乾燥卵白が食感の改良に使用されています。

同じように卵殻の畜肉加工品への利用も見逃すことができません。卵殻はカルシウム含量が約38％と高く、カルシウムの補給ができるとともに、畜肉加工品に添加すると食感の改善やドリップの防止などの効果もあります。これに使用する卵殻は、食品用に精製・殺菌され、微粒子化されたものです。

麺類のつなぎとして使われた卵白

現在では、卵は中華麺やうどん、蕎麦、マカロニ類、スパゲッティ類など、中華、和風、欧風のあらゆる麺類に広く使用されています。

このうち、江戸時代には蕎麦に卵白が使用されていました。『万宝料理秘密箱』の「卵蕎麦」には、「上等の蕎麦粉一升と地卵一五個を用意する。卵一五個のうち七個は白身と黄身と一緒に割り込み、残り八個は白身だけを入れて、蕎麦粉とよくかき混ぜる。打ち粉に糠を少し混ぜ、薄く打ちのばす。茹で方は、二度ほど煮たったら、取り上げて水で冷まし、その後は普通の蕎麦のようにつくる」と、その製法について細かく伝えています。練り方も多様で、水練りや湯練り、そば湯練り、卵白練りなどがありました。

蕎麦粉には小麦粉に含まれている粘り気の強いタンパク質（グルテン）が含まれていないため、小麦粉よりも麺状に加工しにくく、卵白を添加することで加工しやすくなります。

このように麺類の加工に際して卵が利用されてきただけでなく、具にも卵の調理品が使用されてきました。『守貞謾稿（巻之五・生業）』には、うどんや蕎麦のうえに焼鶏卵、玉子とじなどをのせたことが記されています。

現代の麺類の製造にあたっても、物性改良剤として卵白が広く用いられています。中華麺でも噴霧乾燥された卵白粉末が広く用いられており、これは麺類の「コシを強くする」ためです（表4－3）。

パン・菓子類の膨張・結着剤に使う卵白

紀元前3000年頃に発酵パンがエジプトで誕生します。その製パン技術はギリシャに伝わると、専門に

表4−3　無添加と乾燥卵白添加茹で中華麺の官能検査

（舘ら 2004年）

パネル数	識別できた人	識別できなかった人	検査項目	無添加中華麺を選択した人	乾燥卵白4%添加中華麺を選択した人*
20	14*	6	伸長がよく、切れにくい中華麺	2	12
			どちらの中華麺の伸びが好きか	2	12
			コシが強く噛みごたえがある中華麺	1	13
			どちらの中華麺の噛みごたえが好きか	1	13
			つるつるとしたのどごしの良い中華麺	2	12
			どちらの中華麺ののどごしが好きか	2	12
			弾力のある中華麺	1	13
			どちらの中華麺の弾力が好きか	1	13
			総合的においしい中華麺	1	13

注　無添加中華麺とは、生中華麺に卵白が添加されていない麺を、2分30秒茹でた中華麺を示す
乾燥卵白4%添加中華麺とは、120℃で数秒から数分噴霧乾燥を行なった卵白を生中華麺に4%添加した中華麺を2分30秒茹でた中華麺を示す
*は、0.1%以下の危険率で有意に選択されたことを示す

パンを焼く職人も現われて量産されるようになります。やがてヨーロッパ全土やアフリカにも広がり、世界各地で主食になっていきました。

パンの製造はお菓子を生み出す土台ともなり、パンの材料である小麦粉と水に、やがて牛乳のほかに卵も加えるようになります。パンを乾燥させて二度焼きしたものが今日のビスケットの起源といわれ、やがて一度パンにする過程を経ることなく、小麦粉や卵などを原料にしてつくられるようになりました。

11世紀に小麦粉でつくられるようになった白パンは、泡立てた卵白を膨張剤として使用していました。この注目すべき技術がその後のスポンジケーキの発明につながっています。このように卵白の膨張力は古くから知られており、ルネサンス期の料理書にも記載されています。

一方、14世紀以降になると、ヨーロッパではインドから中東を経て地中海周辺に伝わっていた砂糖も利用されるようになります。砂糖は安定した高い保水性があり、ソフトなテクスチャーの加工品ができました。

18世紀になると、卵白を砂糖とともに固く泡立て、オーブンで焼いたメレンゲもつくられています。

ケーキでも多くの場合、小麦粉に水分（水、牛乳、バ

ターミルク、果物のピュレーなど）や油脂、結着剤（多くは卵やグルテン）、膨張剤（酵母、重曹、ベーキングパウダーなど）などを配合してつくります。ここにおいても卵は重要な役割を担っています。

このように、洋菓子をつくるうえで卵はほかの素材と馴染みやすく、大切な機能を果たしますが、和菓子でも同じようなことがいえます。卵を和菓子の生地の素材である小麦粉やモチ粉、米粉と混ぜ合わせることで、生地をまとめ上げる機能によりおいしさが増します。

またあんに卵黄を混ぜ合わせると卵黄の乳化機能により、風味や色が改良され、同じくおいしさが増します。

ドレッシングへの卵の活用

ヨーロッパで生野菜にかけていたドレッシングが日本に伝わったのはマヨネーズが伝わったのと同じく江戸時代後期で、同じルートであったとされています。

乳化液状のドレッシングの一つであるフレンチドレッシングのように、油と食酢を組み合わせたものは古代ローマ時代からありますが、その後ヨーロッパの料理人の手によって発展し、現在ではドレッシングの種類が多様化しています。

フレンチドレッシングの古典的なものは、植物油3に対して食酢1の割合で加え、これに食塩と香辛料を混ぜます。これにさらに卵黄を加えると、乳化したクリーミーなフレンチドレッシングができあがります。

前述した『食道楽』のライスカレーの項には、「マイナイソース」のつくり方とともに「フレンチソース」のつくり方も記載されています。

フレンチドレッシングには、植物油と食酢が二層になっているセパレートタイプとクリーミータイプ（エマルションタイプ）があります。同書に掲載されているつくり方と材料をみると、当時のものは卵黄を使わないセミセパレートタイプであることがわかります。

現在日本において、ドレッシングは食品表示法に基づく「食品表示基準」で定義されており、大きく3つにわけられます（図4-3）。

1つ目は「半固体状ドレッシング」で、固体でも液体でも一定の粘度（とろみ）をもったものです。ここにはマヨネーズやマヨネーズタイプの調味料であるサラダクリーミードレッシング（ハーフカロリーマヨネーズタイプなど）、また、ほかの半固体状ドレッシング（タルタルソースなど）が入ります。

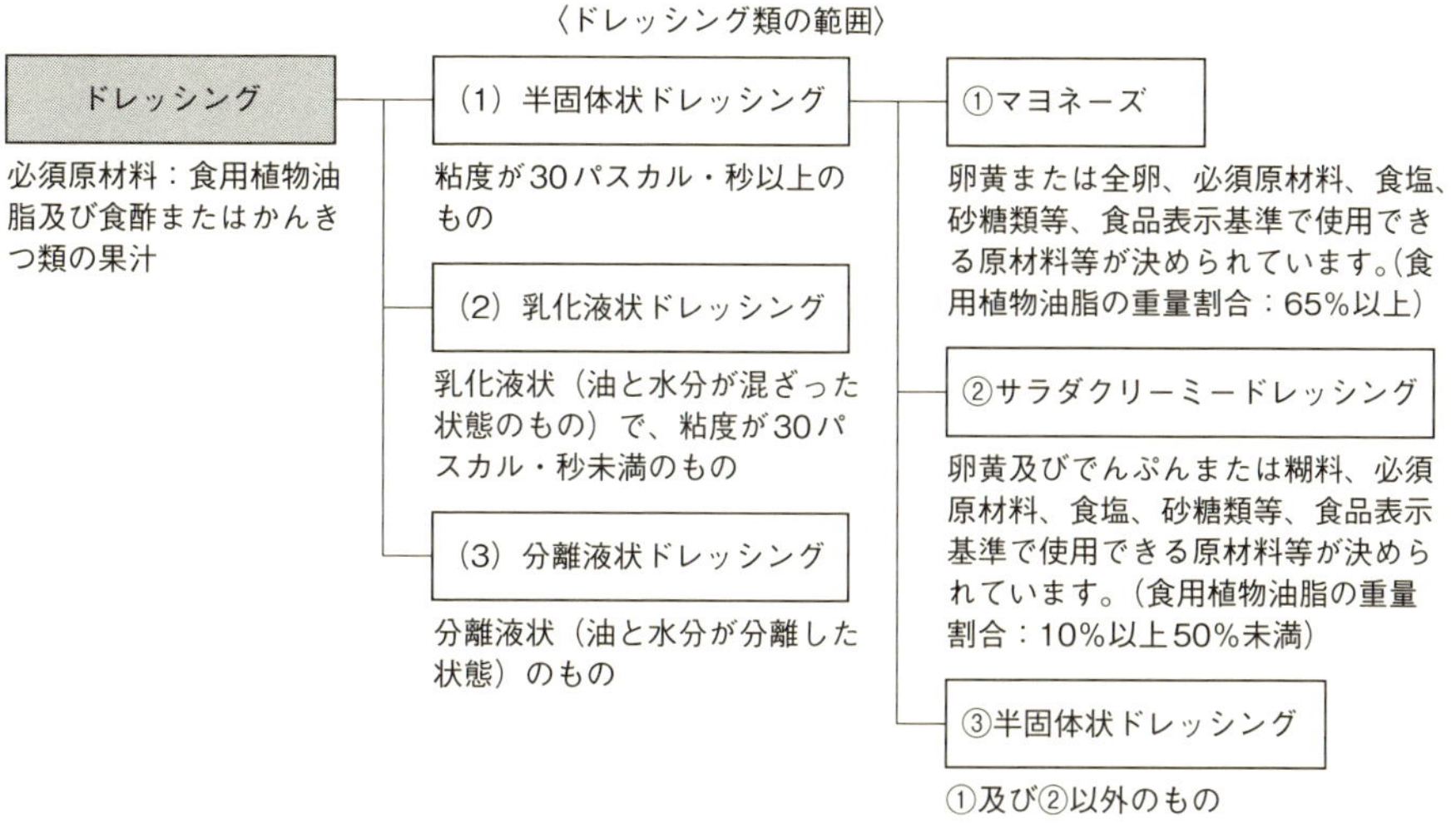
〈ドレッシング類の範囲〉
ドレッシング
必須原材料：食用植物油脂及び食酢またはかんきつ類の果汁
(1) 半固体状ドレッシング
粘度が30パスカル・秒以上のもの
(2) 乳化液状ドレッシング
乳化液状（油と水分が混ざった状態のもの）で、粘度が30パスカル・秒未満のもの
(3) 分離液状ドレッシング
分離液状（油と水分が分離した状態）のもの
①マヨネーズ
卵黄または全卵、必須原材料、食塩、砂糖類等、食品表示基準で使用できる原材料等が決められています。（食用植物油脂の重量割合：65%以上）
②サラダクリーミードレッシング
卵黄及びでんぷんまたは糊料、必須原材料、食塩、砂糖類等、食品表示基準で使用できる原材料等が決められています。（食用植物油脂の重量割合：10%以上50%未満）
③半固体状ドレッシング
①及び②以外のもの

図4−3　ドレッシングにおける卵の活用
（全国マヨネーズ・ドレッシング類協会より）

2つ目は「乳化液状ドレッシング」で、これには乳化のために卵黄が使用されることもありますが、必須原料ではありません。

3つ目の「分離液状ドレッシング」でも、卵は任意の原材料となっており、必須ではありません。

(2)の乳化液状ドレッシングと、(3)の分離液状ドレッシングには一般的には卵は必要とされておりません。

3　おいしく調理・加工するための科学

加熱で凝固・ゲル化し、変幻自在な食感に

七変化する卵の性質の一つが熱凝固・ゲル化性です。加熱によって破壊されるのはタンパク質の立体構造で、そのことを「変性」と呼んでいます。生卵の白身は透明で粘りのある液体ですが、加熱すると茹で卵や目玉焼きなどにみられるような白色のゲルになります。この最初の段階の現象が変性なのです。

図4−4に示したように、卵白に熱を加えるとすべての分子運動が次第に速まり、互いに衝突しあう力もどんどん強まっていきます。すると、長い鎖をコンパ

クトな形に折りたたんでいた卵白タンパク質の構造が徐々に壊れはじめます。ほぐれたタンパク質の鎖が絡み、三次元的なネットワークを形成します。このようにして分子の変性のあと、「会合」と「凝固」という3段階の現象を経て熱凝固が起こるのです。

　この際に卵白の水分は熱によって多少は発散するとしても、卵白のうち約90％という圧倒的に多い水分は、残りの10％程度のタンパク質ネットワーク内にある無数の小さなすき間に分割されてしまい、水の流れといったものはありません。このようにタンパク質が絡み合う際に、変性したオボムチンが凝集物を覆うようにして卵白のゲルができあがります。

　したがって、卵は加熱の仕方によって、ふんわりとしたメレンゲから、とろりと濃厚なカスタード、さらにはオムレツやスープまで、変幻自在に食感をつくり上げることができるのです。

　こうした卵白タンパク質の加熱ゲル形成性は、保水性にも関与し、魚肉ソーセージやかまぼこ、ハムなどの加工食品では、卵白を加えて特徴のある弾力性や硬さをもった製品をつくり、おいしさの改善にもつなげることができるのです。

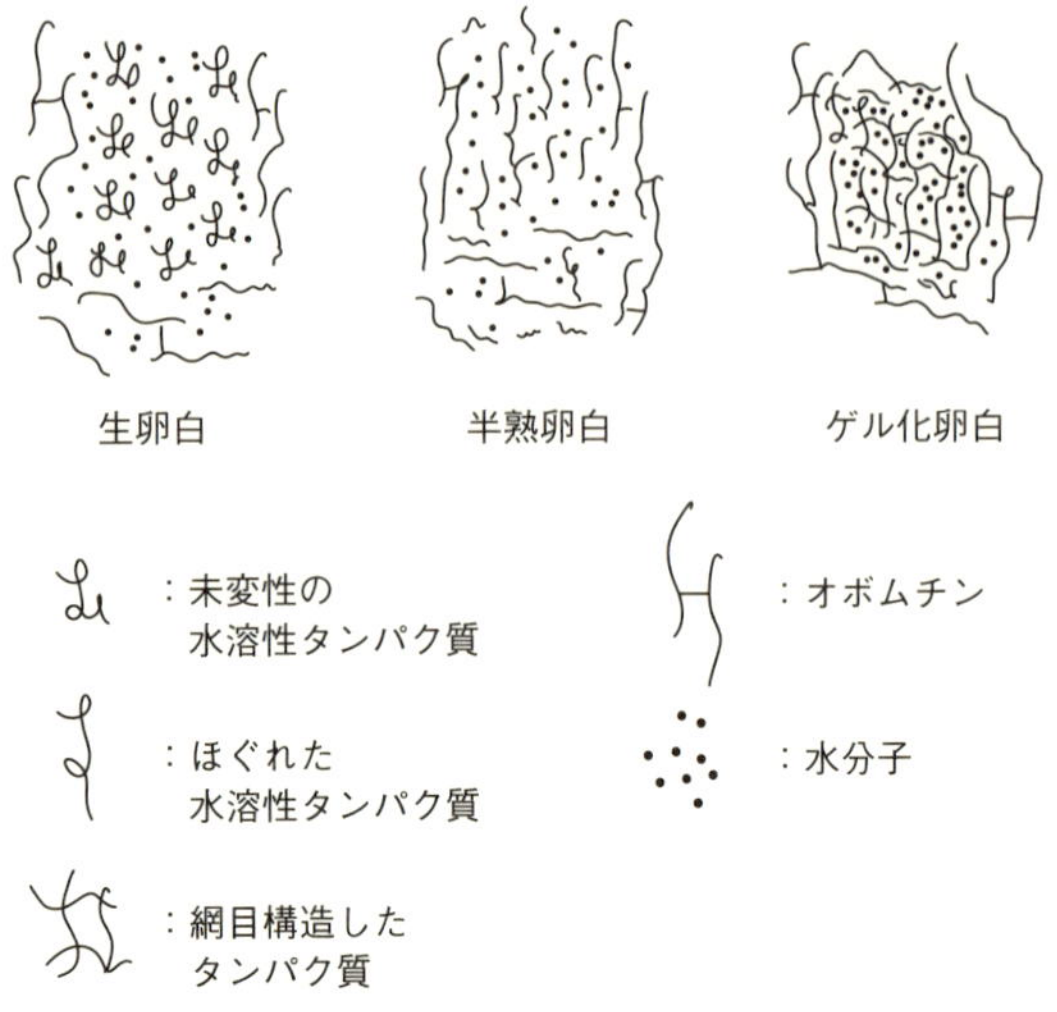

図４−４　卵白の加熱によるゲル形成のモデル
（筆者作成）

加熱ゲル化を活かし、おいしい茶碗蒸しをつくる

　卵の加熱ゲル性を活かした茶碗蒸しや卵焼きのおいしいつくり方をみてみましょう。

　通常、卵白の凝固は58℃から、卵黄のそれは68℃から始まりますが、加熱の方法によって若干異なります。一般的に、弱い加熱では凝固がはじまる温度が少し高くなります。

また、卵白と卵黄を混合して加熱すると、凝固温度は約66℃となります。さらに、卵以外の牛乳や砂糖、調味料などを加えると全体の凝固温度は変わります。茶碗蒸しをつくる際に中に「す」が入る原因は、蒸し器の温度が高くなりすぎるからです。卵のタンパク質が固まり、水分が蒸発して穴があくのです。したがって、蒸す温度は高くても90℃程度にするのがポイントとなります。

一方、厚焼きやだし巻き卵は、だし汁のうま味をいかに閉じ込めるかによって味の違いが出ます。味を決める調味料は醤油とみりんですが、関東風の卵焼きは砂糖と醤油で、関西風のだし巻きはだしで味付けします。

砂糖を少々入れると、卵が冷えてもだしが保持され、弾力も残り、おいしく食べられます。火加減は中火とすることが重要です。

おいしい半熟卵をつくる加熱条件

卵の調理・加工において加熱処理の条件は重要です。その例を茹で卵にみてみると、沸騰水から加熱した場合と水から加熱した場合で、茹で卵ができる時間に明らかに差が出ます(図4−5)。

卵白と卵黄は固まる温度が異なります。卵白は55℃あたりから固まりはじめますが、80℃近くにならないと完全には凝固しません。一方、卵黄は58℃で固まりはじめ、65~75℃で粘りが強くなって流動性も失われ、80℃になると白色化して弾力も粘性も失って粉質状になります。

卵黄タンパク質が加熱によってどのように変性・凝集化するのかは分子レベルでまだ十分な解析がなされ

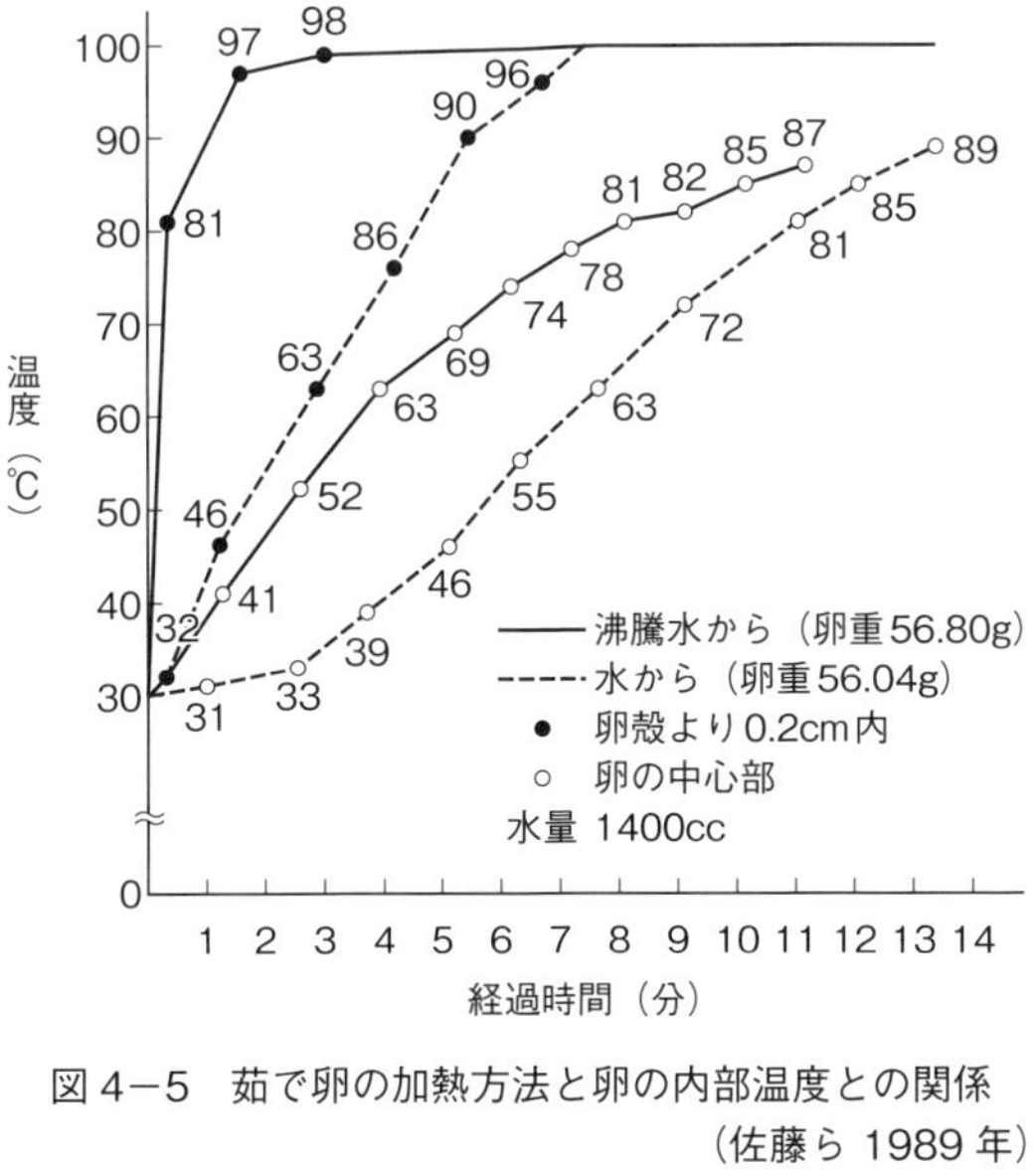

図4−5 茹で卵の加熱方法と卵の内部温度との関係
(佐藤ら 1989年)

ていませんが、その成分のうちで水溶性タンパク質のリベチンが60℃以上、LDLは65℃以上、グラニュールは80℃以上で変性・凝集化します。

茹で卵の状態は、加熱する温度や時間、卵のサイズや品温などによって異なってきます。

通常、家庭で茹で卵をつくる場合、水の中に卵を入れて加熱し、沸騰後に10〜20分茹でるのが一般的です。

95℃の熱湯中で加熱した場合、加熱時間が5分の場合では卵白は柔らかく凝固し、卵黄はまだ固まらずに流れ出る半熟の状態となり、10分の場合では卵白は固く凝固し、卵黄はねっとりした状態になります。さらに5分、計15分加熱した場合には、卵白も卵黄も固く凝固した状態になります。

一方、68℃くらいの温度の湯に長くおくと、卵白も卵黄も半熟の、いわゆる半熟卵ができます。しかし、家庭の場合こうした温度管理はむずかしいので、95℃くらいの湯で3〜5分加熱することでおいしい半熟卵をつくることができます。

茹ですぎると黄身のまわりが黒ずむ

茹で卵の味は、卵黄も卵白も固まり具合や舌ざわりが、ともに同じくらい軟らかく感じるのがもっともおいしいといわれます。つまり、卵黄が凝固する直前の粘りの強い状態がもっともコクがあるといえます。

茹で卵で黄身のまわりが黒ずむことがありますが、これは茹ですぎの証拠です。沸騰後15分以上茹でると、卵白タンパク質の一部が熱によって分解され、硫化水素が発生します。卵独特の硫黄臭はこれが原因です。

この場合、硫化水素が卵黄の鉄分と結合して暗緑色に変わっただけなので、とくに体に悪いわけではありません。

おいしくて殻がむきやすい茹で卵

半熟卵をつくるための加熱条件にした場合、卵の構造(図1−6)に示したように、真ん中の水様の卵白層と両端の濃厚な卵白層は加熱によってゲル化するのに時間差が生じ、真ん中の部分よりも両端の部分が先に固くなります。

これは両端の部分の卵白が濃厚なのに対して、真ん中の部分は水様であるためです。ともにオボムチンという繊維状のタンパク質の薄い層が存在していますが、これらの層に含まれているオボムチンに質的な違いがあります。

ところで、産卵直後の卵の卵白は炭酸ガスが溶け込んでいるため、pHは7・5前後となります。その後、貯蔵しておくと炭酸ガスが飛散し、徐々にpHが上昇して最終的にpHは9・3前後まで上昇します。

このpHが卵白の熱凝固性に大きな影響を及ぼします。

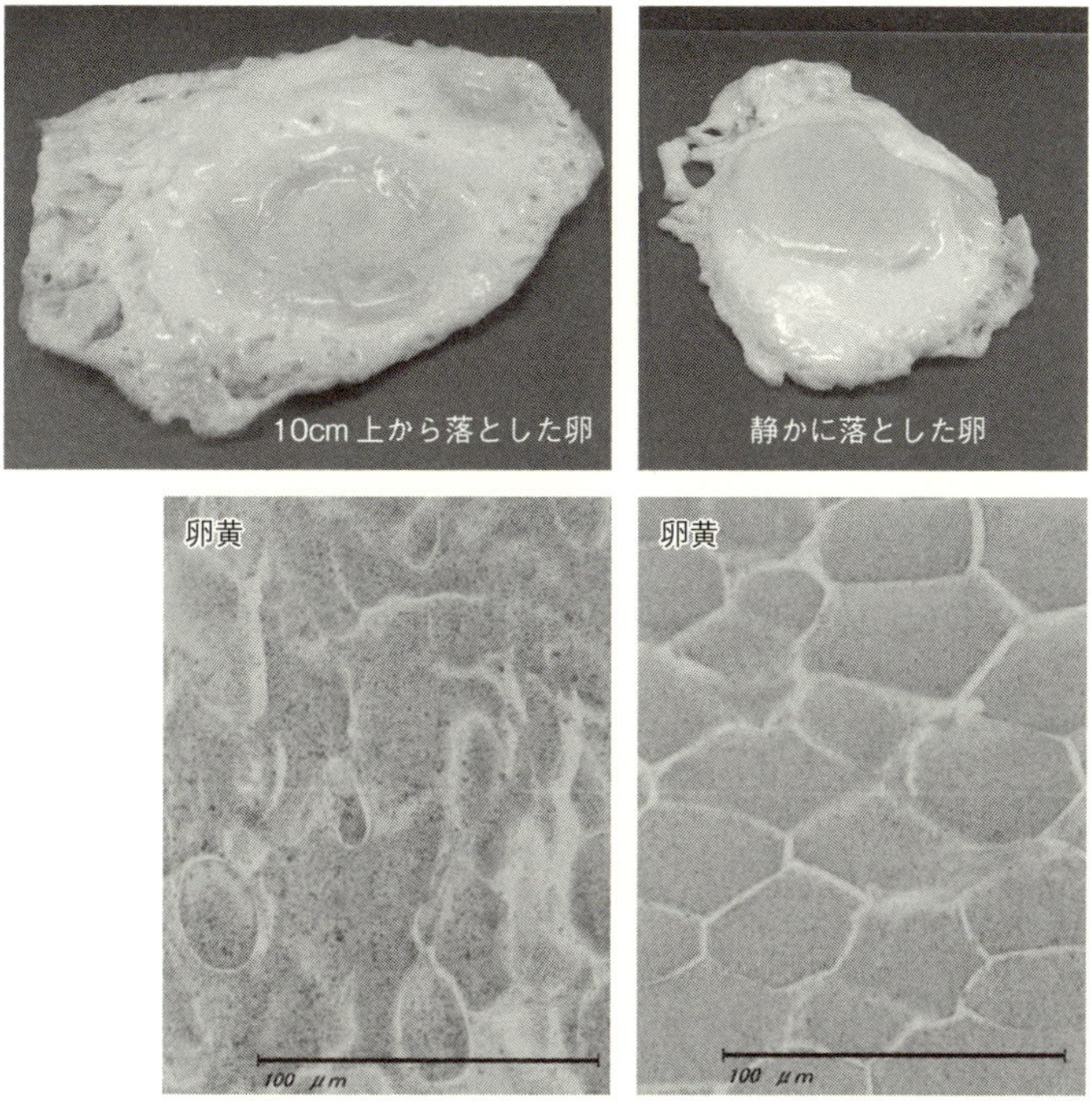

図4−6　上からの落とし方の違いによる目玉焼きと卵黄の構造

（峯木 2017 年）

左：卵黄球の形状不明瞭か球状、右：多面形

pHが低い場合には、表面に艶も弾力もないもろいゲルとなります。反対にpHが高い場合には、表面が滑らかなで弾力のあるゲルとなります。したがって、殻がむきやすい卵白のゲルを形成するためには、pHが最低でも8・8程度は必要になります。

卵黄球の形状が料理の出来に影響

卵黄の中には卵黄球が分散して存在します。卵黄球はリン脂質やリポタンパク質で構成され、茹で卵のように卵黄膜を破砕させないで加熱すると、卵黄球の多面体の形はそのまま残り、タンパク質を多く含んだ濃染顆粒の状態で観察されます。

卵を割って攪拌すると、その卵黄球は球状か、あるいは形状が崩れてしまうかのどちらかになります。この形状が卵料理のできあがりやテクスチャーにも影響します。

たとえば、目玉焼きをつくる際に、割った卵の中身をフライパンに低い位置からそっと落とすと、高さ、厚みのある

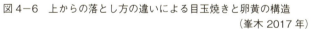

目玉焼きができますが、高いところから落とすと身は広がって薄い目玉焼きができます。

その構造をみると、低い位置からそっと身を落とした目玉焼きには多面体の卵黄球が観察されますが、高い位置から落とした目玉焼きの卵黄では、落下の衝撃で卵黄球の形状が崩れて流れやすい状態に変化してしまいます（図4－6）。

このように調理の際の細やかな手さばきが、完成品に大きな差異をもたらすのです。

卵白の泡立ち性を活かす

卵白には強い粘りがあるため、卵白をかき混ぜると空気が中に包み込まれて、たくさんの細かい泡ができます。そして、空気に触れた卵白タンパク質は、変性して固い膜になって泡が安定します。この現象を「表面変性」といいます。

この際に泡のボリュームが大きいことや泡質が固いこと、また泡が長時間にわたって液状に逆戻りしない安定性をもつことが、品質上とりわけ重要です。

このような泡立ち性には、タンパク質が不溶化して膜を形成する過程と、生じた泡沫群から液状部分が分離してくる過程とがあり、泡立ち性の強さは泡が生じる起泡性とともに、そのできた泡を保つ安定性とに分けて判定されます。

食品の泡には、均一な液体のなかに気体が分散した液体状の泡と、均一な固体のなかに気体が分散した固体状の泡があります。前者の泡は、卵白ではメレンゲやムース、後者のものでは卵を利用したパン類やケーキ類などにみられます。

このような気泡を加工や料理に利用する目的としては、おもに次の3つがあげられます。柔らかなふっくらした食感を出すこと、また見た目のボリューム感にくらべて重量が軽いこと、さらには泡の中に香りを封じ込めることです。

卵白の泡立てに際しては、何といっても卵の鮮度が問題となります。鮮度がよくないと、起泡性は強いものの泡の持続性が弱いために、ケーキ類などに使った場合あまり膨張しないといったことが起こりやすくなります。鮮度がよいと、泡の粘性が強くて弾性も大きくなります。

卵白と卵黄はいずれも泡立ちやすいですが、起泡性の点では卵白のほうがより泡立ちやすいため、製菓や製パン材料としては卵白のほうが重要となります。

卵黄をプラズマ部分とグラニュール部分に分けて

その泡立ち性を測定してみると、プラズマ部分は起泡剤として、グラニュール部分は安定剤として働くことがわかります。プラズマの起泡剤としての作用は、そのなかに存在するLDL（リポタンパク質）の作用によっています。

全卵の泡立ち性はより割合の高い卵黄の影響を大きく受けます。卵白単体の場合よりも泡立ちには時間がかかりますが、大きさのそろった安定性のよい泡になります。

卵白を活かした泡料理の登場

1980年代に入ってフランスではふわふわした泡の入ったスープやソースが登場します。その後、液状の食材に亜酸化窒素（日本では二酸化炭素が多い）を充填することにより、簡単にキメの細かいムース状の泡をつくることができるようになりました。こうしたキメの細かい泡を利用した料理は「エスプーマ」（スペイン語で泡）と呼ばれます。

その加工した泡をそのまま冷凍状態に仕上げた新食感ソースが市販されています。これをさまざまな素材と合わせて使うと、素材の食感やボリューム感に変化をつけることができます。さらに食材の色を損なわずに、味が強めの素材であればその味をまろやかにする効果も得られます。また、凍結・解凍後もすぐれた泡の保持力を有し、その泡は耐熱性や耐冷凍性ももち合わせます。

卵黄の乳化で粘りのあるふわふわ感

「乳化」とは、本来は混じりづらい二つの液体が混じり合った状態を保つことにより、滑らかな質感を出すことをいいます。卵黄はこの乳化をすすめる乳化剤として知られており、水と油の分子を結合し、その固体粒子を液体中に分散・安定化させ、粘着性のある質感をつくり出します。

卵黄の乳化性は卵黄中のLDL（リポタンパク質）によっていますが、なかでもLDLのアポタンパク質とレシチンとの複合体がすぐれた乳化剤の役目を果たしています。卵黄を使用するマヨネーズやドレッシング、アイスクリームなどは、卵黄の乳化性を利用した加工品です。

この乳化剤としての卵黄の働きを示す例があります。『世界一美味しい煮卵の作り方』（はらぺこグリズリー2017年）にふわとろのオムライスのつくり方が書かれています。それによると、「フライパンにサラダ油を引いて中火で温めたら溶き卵を円形になるようにゆっくり垂らす。片面だけ中火で20秒ほど焼き、見た目が半熟になったら、炒めたご飯にのせ、お好みでケチャップをかける」。溶き卵に空気をいれ、半熟に焼くことがポイントだとのことです。

また、全卵（100g）にマヨネーズ（5g）を配合してオムレツをつくると、半熟のふわふわオムレツと違って卵全体がふわっと軟らかい食感になります。しかも冷めても軟らかいのが特徴です。

これは乳化された植物油や酢が、加熱によるタンパク質の結合を和らげることによっています。しかも、この乳化された植物油は冷めても固まらないため、軟らかさが損なわれないのです。

4 日本の食卓に根づいた卵調味料

卵黄を使った万能の調味料

卵黄を使った調味料であるマヨネーズは、おいしさを感じさせる色合いとともに、生野菜自体のおいしさを引き出す能力をもち合わせています。そのため、マヨネーズは多くの食品に利用されます。

マヨネーズのおいしさは、吟味した飼料を与えた鶏の卵の卵黄がもつコクとうま味を、風味豊かな酢や油と混ぜ合わせることで活かしている点にあります。使用する植物油の種類や量によってもおいしさは異なってきますが、卵黄のＬＤＬ（低密度リポタンパク）によって乳化された乳化物の食感がほかの食品の味を引き出しているのです。

マヨネーズが日本の食卓にこれほどまでに普及した理由は、この調味料に合わない料理がなく、さらに醤油や味噌、ワサビ、七味などの日本のほかの調味料との相性がとてもよかったことです。いまでは刺身に醤油とマヨネーズを合わせてつけるのも、ツナマヨおにぎりが日常的なのもまったく不思議ではありません。

手づくりソースが起源のマヨネーズ

マヨネーズは本来、フレンチの厨房で手づくりされるれっきとしたソースの一種で、卵黄に酢と油を混ぜてつくる冷製乳化ソースです。

歴史的にみると、マネヨーズは卵黄のみ使用したものがはじまりですが、米国では卵黄とともに卵白も併用した全卵型のものも開発されました。

日本では、江戸時代後期に来日した欧米人によってマヨネーズがもたらされ、当初、西洋料理店では鮭にマヨネーズを添えて食べられていたようです。

明治の小説家・村井弦斎の『食道楽』には、「マイナイソース」（第175徳用料理）としてマヨネーズのつくり方が紹介されています。マヨネーズ・ドレッシングの専門家・小林幸芳氏は、この手法に基づいてマイナイソースを製造し、次のように評価しています。

「調味料がないためうま味がないが、茹で卵と芥子の味がこく、茹でた肉に合いそうなソースであった。このレシピから概算した値では、おおよそ油脂は40％強と計算されます。現在のマヨネーズの油脂量70％と比較すると、かなり低い状態です。油脂量を高くするのはマヨネーズの粘度を保持するためで、70％以下では卵黄に相当する部分にねばねばする物質を加えないと粘度が出ません。食道楽の油脂の配合が40％程度とすれば、そこでは茹で卵の黄身を使っていてこれが固いため粘度が出てマヨネーズのようになっていた」。専門家らしい評価です。

食の西洋化とともに広がったマヨネーズ

日本では大正14（1925）年に、中島董一郎氏（キユーピー株式会社・創業者）により初めてマヨネーズが生産されました。米国で缶詰の勉強をしていた同氏は、米国で日常的にマヨネーズを使った野菜サラダやポテトサラダが食べられていること、しかもマヨネーズはおいしくて栄養価も高いことを知り、帰国後、日本人の体格向上を願って、卵黄を使ったマヨネーズをつくり、販売しようと考えたのでした。

とはいえ、当時発売された商品は高価であったため、口にできたのはハイカラさんと呼ばれる、ごく限られた富裕層だけでした。その頃日本にはサラダを食べる習慣はなかったため、マヨネーズはサケ缶やカニ缶などの魚介類にかけたり、和えたりして食べるように宣伝していました。このように肉や魚のためのソースという位置づけで、第二次世界大戦前までその位置づけは続いたのです。

図4−7　発売初期の「キユーピーマヨネーズ」の容器（キユーピー株式会社提供）

その後、第二次大戦の激化とともに原料の統制で生産中止を余儀なくされますが、戦後3年して生産が再開されます。

植物性の具材だけのポテトサラダでもマヨネーズがあればおいしく食べられるため消費が拡大するとともに、また生食に向く西洋野菜のキャベツやレタスが市場に出回るようになると、マヨネーズと生野菜という組み合わせが成立するようになりました。

拡大するマヨネーズの使用用途

現在、マヨネーズの利用方法も変わってきています。かけたり、和えたりするだけでなく、漬け込んだり、炒めたり、焼いたりする調理にも使われ、効果を発揮しています。

このように酸味に特徴のあるマヨネーズが一般化したことで、マヨネーズの多様な用途開発がすすんできています。いまでは、おにぎりや回転寿司、うどん、ラーメン、ピザ、焼きとり、トンカツ、スナック菓子、パスタに幅広く使われているほか、テリヤキソースとマヨネーズを合わせた調味料なども開発されています。

どんなものにもマヨネーズをかけて食べてしまう若者をさして、「マヨラー」という言葉が生まれるほどです。

卵黄の物性を変える食品加工技術

このような用途の拡大に対応したマヨネーズの製品開発の動向が注目されます。

冷凍食品の具材に使用されるマヨネーズでは、その冷凍耐性に加えて加熱耐性の機能も求められます。油で揚げたり、電子レンジで温めたりと二度の熱が加わることになるからです。

マヨネーズを使用した冷凍ピザでは、冷凍時にはマイナス25℃で製品化され、食べる際には150～250℃の熱が加えられます。これらの処理時に、マヨネーズが乳化破壊を起こして油脂が遊離してはなりません。

マヨネーズは冷凍や解凍をさせると、水と油の部分に分離しますが、その要因は水が凍結時には体積が増加するのに対し、油は体積が縮小するからです。これを防ぐには、油相と水相の体積変化がもっとも少なくなるように混ぜる比率を特定して、長鎖飽和脂肪酸を含む固体系の脂肪を混合することです。

さらに、マヨネーズ類に電子レンジ耐性をつけるのには、油分を少なくしたり、固体脂肪に替えたり、水分を多くしたりする方法があります。

また、乳化剤でもある卵黄が熱凝固性によって乳化機能が低下するのを防ぐ方法として、卵黄のリン脂質を部分的に分解するホスホリパーゼを用いて処理することで、リゾ体のレシチンを増やし、乳化機能を強化しておく方法がとられます。これにより、マイクロ波の急激な加熱を和らげ、加熱前と変わらないクリーム状態を維持できるようになります。

近年このように高度な安定化機能をもったマヨネーズを使用した製品も製造されています。

卵のワンポイント Lecture

週齢による卵の物理的特性の違い

鶏の週齢の違いが卵の調理特性に与える影響を、白色レグホーンの種鶏を用いて検討した結果があります。この実験では、飼料や鶏舎、鶏種を同じ条件にして30週齢から70週齢までに産んだ卵を試料としています。

週齢に伴って増加した項目は、全卵及び卵白、卵黄の重量と卵白泡の起泡力で、低下した項目は、卵殻の強度とHU（ハウ・ユニット値）、卵殻の厚さ、卵殻の重量、卵白泡の安定性でした。違いがみられなかった項目は、卵黄の色と加熱して凝固する温度、加熱した卵の物理的な特性でした。このように卵の調理特性への影響は、とくに卵白の起泡力やスポンジケーキに使用する場合の物理的特性にみられます（小泉 2018年）。また、卵の鮮度によってもおいしさは変わってきます。

第5章

未来へつなぐ卵食文化

――将来性からみた卵

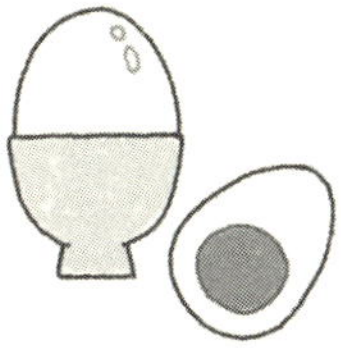

1 卵が世界を救う本当の理由

卵は人類にとって好ましい食料資源

鶏は世界中でもっとも広範囲に、もっとも数多く飼育されている家畜です。2014年のFAO（国連食糧農業機関）のデータによると、牛、豚、羊などの飼育頭数の合計が51億頭に対して、鶏は214・1億羽です。

鶏以外の世界中の家畜に、猫や犬の数を合わせても、鶏のほうが多いのです。現在の人口からみると、1人につき約3羽になります。地球上で鶏が生息していない国や地域は、バチカン市国と南極大陸だけです。

このように鶏は世界中でもっとも経済的な価値をもち、社会を支えてきた生きものなのです。多くの途上国では在来種や卵肉兼用種が飼われているため、必ずしも卵用種に限った数ではありませんが、世界で飼育されている採卵鶏はおおよそ65億羽で世界の人口の約0・9倍、日本では1・7億羽ほどで日本の人口の約1・4倍になります。

とはいえ、これだけの数の鶏から産卵される卵があっても、世界中の人々が1日1個の卵を食べられるわけではありません。需要と供給のバランスは十分でなく、今後の生産量の増加と供給システムの改善が求められます。

「世界の統計2016」によると、世界の人口は2025年には80億人を突破するとみられ、世界中の人々が1日1個の卵を食べるためには少なくともその人口の増加分以上に、採卵鶏を増やす必要があります。人口の増加は地球上の資源や環境に大きな負荷をかけることになりますが、採卵鶏はほかの畜産動物にくらべて資源や環境に与える負荷が少ないことからも、人類にとって好ましい食料資源なのです。

従来からいわれているように、二酸化炭素の23倍の温暖化効果をもつとされるメタンの30・8％（UNFCCC「Green house gas InventryDeta2015」より）が農業由来で、おもに牛などの反すう動物の消化管内発酵によるゲップから生み出されています。さらに家畜飼料となる作物の栽培に要する肥料や水資源には限りがあるのです。

環境負荷が少なく、安価で生産効率がよい

2018年に学術誌『サイエンス』に掲載された論

文では、「人類が環境に与えるダメージを減らすうえで、もっとも有効な行動の一つは肉類と乳製品の消費をやめることです。肉類と乳製品は人間の摂取カロリーの18%を占めていますが、生産するために農地の83%を使っており、温室効果ガス（二酸化炭素）の排出量の60%の原因となっている」と警告しています（Poore *et al.*, 2018）。

今後も急激に世界の人口が増加し、２０５０年には97億人に達し、食料はいまの１・５倍は必要になると予測されています。新興国を中心に人口の増加や食の高級化がすすみ、動物性タンパク質の需要がさらに拡大していくことが見込まれます。中国やインドなど人口増の激しい新興国の経済が発展し、所得の増加によって食生活が豊かになり、肉食が増えてきています。

しかしながら供給には限りがあります。また、動物福祉の観点からも今後は先進国の大規模な「工場的畜産」システムや、その世界中への拡散に対して歯止めをかける段階にきています。このような状況において、畜肉類や乳製品にとって代わることのできる動物性の食材といえば、環境にもっとも負荷が少ない鶏卵や鶏肉といえるのではないでしょうか。

鶏にはほかの動物にはない長所が多くあります。その代表的な特質としては飼料効率（餌に対する肉・卵の重量比）が牛や豚よりも高いことです。たとえば、牛肉１kgを生産するには11kgの、同様に豚肉１kgなら７kgの穀物飼料が必要ですが、鶏肉１kgなら４kg、鶏卵１kgなら３kgの穀物飼料ですみます。

このように鶏はコストが安く、すぐに繁殖することができ、いつでもどこでも生息できる非常に特異な性格をもちます。この地球上で食料が足りずに飢餓状態にある人口は、国連が２０１７年に発表した「世界の食糧安全保障と栄養の現状に関する年次報告書」によると、およそ8億１５００万人です。この人数には紛争と気候変動が大きく影響していますが、今後、世界で爆発的に増える人口に食料を供給することを考えると、卵の生産を増やすことは非常に重要となります。

栄養バランスもよく、安価でもあり、生産効率も高いことから、食料源としての卵の重要性はますます高まっていくことは間違いありません。２００５年の世界の年間漁業収穫高が９６４６万トンであるのに対して、卵の生産高はおおよそ５９４３万トンとなっており、単品としても卵は非常に価値の高い食料源ということができるでしょう。

中国とインドで伸びる卵の生産

世界や日本の人口と鶏卵の生産量（図５−１）をみると、世界の人口の増加よりも卵の生産量の増加のほうが高くなっています。それに対して日本では、人口の減少傾向に対して卵の生産量はやや増加傾向にあります。

世界の鶏卵生産の動向で注目されるのは、先進諸国ではやや減少傾向にあるのに対して、アジア各国では飛躍的に増加傾向が続いていることです。ヨーロッパ諸国は１９８０年までは有数の鶏卵生産国でしたが、次の10年の間に発展途上国が生産量において先進国を追い越しました。とりわけ中国の劇的な成長につづき、いまやインドやインドネシア、韓国、マレーシアも有数の鶏卵生産国になっています。

世界上位の鶏卵生産国とそれぞれの生産量の推移（表５−１）をみると、１９９５年には日本は中国、米国に次いで世界第3位の生産国で、世界の生産量の５・９％を占めていました。ところが、２０１３年には世界の第4位となり、世界の生産量に占める割合は約３・７％に低下しています。日本の生産量はほぼ同じですが、２０１３年の中国とインドの生産量が１９９５年よりも増加し、それぞれの割合が２０１３年には35・９％と５・６％を占めるようになり、それに圧倒されたためです。

このように、いまやアジアにおける卵の生産センターは日本ではなく、中国とインドです。最大の生産国である中国の食生活では卵は食事に不可欠であり、薄焼き卵を細切りにしたものは付け合わせにしたり、スープに入れたり、豆腐に入れたりとさまざまな形で用いられています。その中国においては近年、農村部の個人経営の養鶏場が衰退し、大型の国営企業が成長しています。とはいえ、農村部にはまだまだ「庭先養鶏」も残っています。

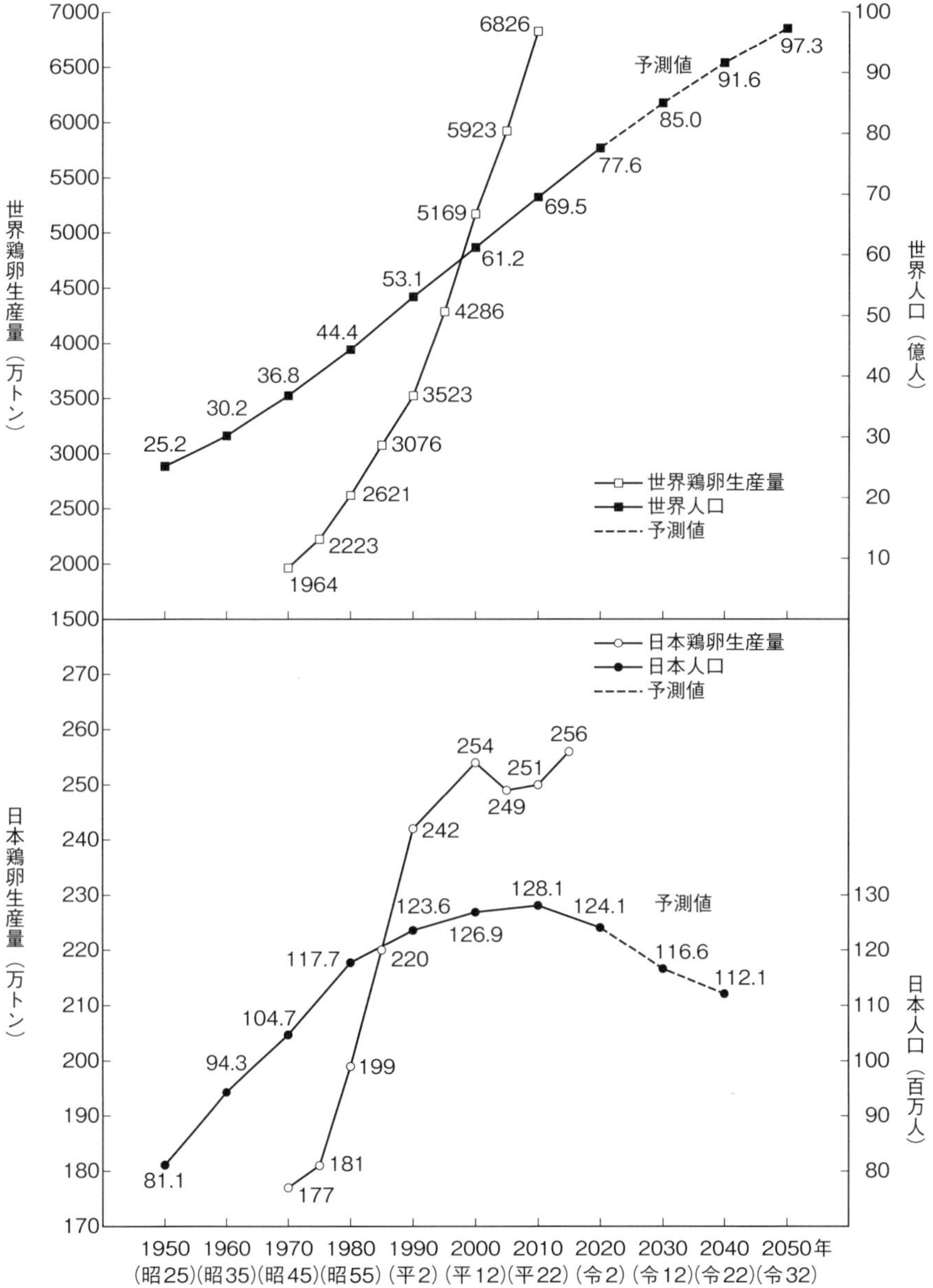

図5－1　世界と日本の人口、及び鶏卵生産量
（国連・厚生労働省の資料、農林水産省「食料需給表」より作成）

表5−1　世界上位の鶏卵生産国と生産量の推移（単位：万トン〈%〉）
（国際連合食糧農業機関、FAOSTATより）

2013年度順位	国＼年	1995（平7）〈%〉*	1997（平9）	2005（平17）	2013（平25）〈%〉*	2016（平28）
1	中国	1370〈31.8〉	1786	2435	2445〈35.9〉	2650
2	米国	442〈10.3〉	483	533	564〈 8.3〉	604
3	インド	150〈 3.5〉	173	249	384〈 5.6〉	456
4	日本	255〈 5.9〉	252	246	253〈 3.7〉	256
5	メキシコ	124〈 2.4〉	159	207	252〈 3.7〉	272
6	ロシア	−	−	205	228〈 3.3〉	−
世界	総計	4302	−	−	6795	−

注　＊世界の生産量に対する割合を示す

一方、ここ5年間の年平均の経済成長率が約10％にもなるインドでは、養鶏業が大幅に規模拡大して高収益産業に成長しています。とくに輸出用の卵の生産がさかんになっていることが特徴です（ヴィントフォルストら２０１４年）。

インドでは、卵はさまざまなカレー料理の材料として、あるいは料理のつなぎとして用いられています。インドはいまや世界第3位の生産国ですが、ヒンドゥー教の影響などにより菜食主義者が多いこともあって、個人消費の平均は年間48個程度です。しかし、12億人という人口を抱えるインドの政府は卵の摂取を呼びかけていることもあり、今後の消費の伸びは大きくなることが見込まれます。

今後とも中国とインドでは、経済の発展や食生活の改善に伴って、技術が向上した採卵養鶏のますますの発展がほかの国々を圧倒するものと予測されます。しかしながら、これらの卵の大量生産国に何らかの異変が生じた場合、卵の輸出は閉ざされるでしょう。そのようなリスクを考えた場合、まずは自国で消費するだけの卵を世界各国が自給できるようになることが求められます。

卵の生産が地球を救う

２０１６年、アフリカ最大の卵生産国であるエジプトは、生産量では世界26位にランキングされます。しかしながら、アフリカ大陸全体で世界に占める人口の割合が16・４％なのに対し、卵の生産量の割合では４・４％にすぎません。アフリカでは過去20年間にわたって年間消費量の平均は40～44個／人（世界の年間消費量の平均は１８９個／人）で推移しているのが現状です。

最近のエクアドルにおける研究で、若年児に６ヵ月毎日卵を食べさせた場合に、同国で問題化している貧困家庭での若年児の成長の遅れが明らかに減少することが実証されました。アジアやアフリカでの人口増加に伴って、２０１７年現在で世界の子ども人口の22％を占める１億５１００万人の子どもたちが栄養不足に陥っています（Guyonnet, 2018）。そのことを考えると、アフリカ大陸での卵の生産と消費量が増加して、はじめて「卵が地球を救う」といえるのではないでしょうか。

世界的にみて、過去の40年間に卵生産が顕著に発展した要因としては、卵の消費には宗教的タブーが少ないことや採卵鶏の増加にはあまり時間がかからないこと、市場状況への短期的な対応が可能なこと、牛や豚と比較して採卵鶏は本質的に飼料効率がよいこと、卵は室温での貯蔵が可能であることがあげられます。このような点においても、卵は世界の主要な食料源となりうると考えます。

今後、卵の輸出入はますます増えていくでしょうが、鳥インフルエンザをはじめとした鶏の病気発生や飼料価格の高騰などが各国の卵生産に変動要素をもたらす可能性が高くなります。卵が人々の命を守る食料源となるために、安定した生産と価格の維持、安全性の確保、さらに流通の改善などの方策が必要となります。

また、あわせて卵の加工技術についても、急速に拡大する世界の卵需要に対して一翼を担っていくべく、食生活の変化に対応していかなければなりません。卵の流通にあたっては、殻付き卵のみならず、保存性や安全性、輸送性に富んだ殺菌済み液卵での流通も拡大するとともに、世界各地の食生活に見合った調理・加工品も求められています。

卵は「物価の優等生」

卵は安さや手軽さ、おいしさ、栄養の豊かさ、保存性のよさと五拍子揃っており、所得にそれほど関係なく、あらゆる家庭に広く行きわたった公平な食べものであるといえます。

まずは、卵は安いところによさがあり、この点は今後とも継続させることが望まれます。食べものには風土による好みの違いから地域差がありますが、卵にはそうした違いはありません。さらに、日本では卵がほかの国にくらべても安く、たとえば日本の価格を100とすると、EU諸国では110~130となります。牛乳・乳製品や肉類など日本の畜産物は外国にくらべて割高ですが、卵だけは安さを強調できる唯一の畜産物ということができます。

戦後から現在まで、消費者の収入の上昇に見合う形で農産物の価格も上昇傾向にあります。そのなかで、卵の価格だけは約60年前とくらべても上昇率が低く、安定していることから、卵は「物価の優等生」と呼ばれています。

この50年間で一般家庭の実収入額は約13倍になりましたが、米は約3・5倍、野菜は約10倍、卵は約1・5倍の価格上昇になっています。昭和25(1950)年の公務員の平均初任給は6500円で、現状の18万1200円(2018年、大卒)の28分の1程度です。その頃の卵の小売価格は1個当たり15円前後でしたので、当時の金銭感覚からすると(公務員の初任給額の比較から単純計算すると)、現状でいうと300円くらいに相当します。卵は当時、一般庶民には通常食べられないほどの高価な食べものだったのです。

このようにもともとは高価であった卵が、現状で一定価額に留まっているのは、技術革新などにより生産効率がよくなったことが要因といえます。図5-2にみられるように、比較的安価であった米の上昇と比較しても、その優等生ぶりは明白です。

もちろん卵の価格は、年ごとの景気動向や、生産と消費の季節的なアンバランスによって、毎年周期的にかなり大きく上下します。その価格の変動をならして年間の平均価格をとると、第一次オイルショックに見舞われた昭和48(1973)年以降は卵の価格も上昇しています。しかしながら、その価格上昇は鶏の飼料価格の高騰に伴ってのことで、オイルショックがピークを迎える昭和55(1980)年以降は沈静化しました。

食品におけるタンパク質1g当たりの生産コストをみると、卵が2・5円前後であるのに対して、豚肉が10円、牛肉が20円、鶏肉と牛乳が6円、またイワシが3円、サバが2円、木綿豆腐が2円、納豆が5円程度

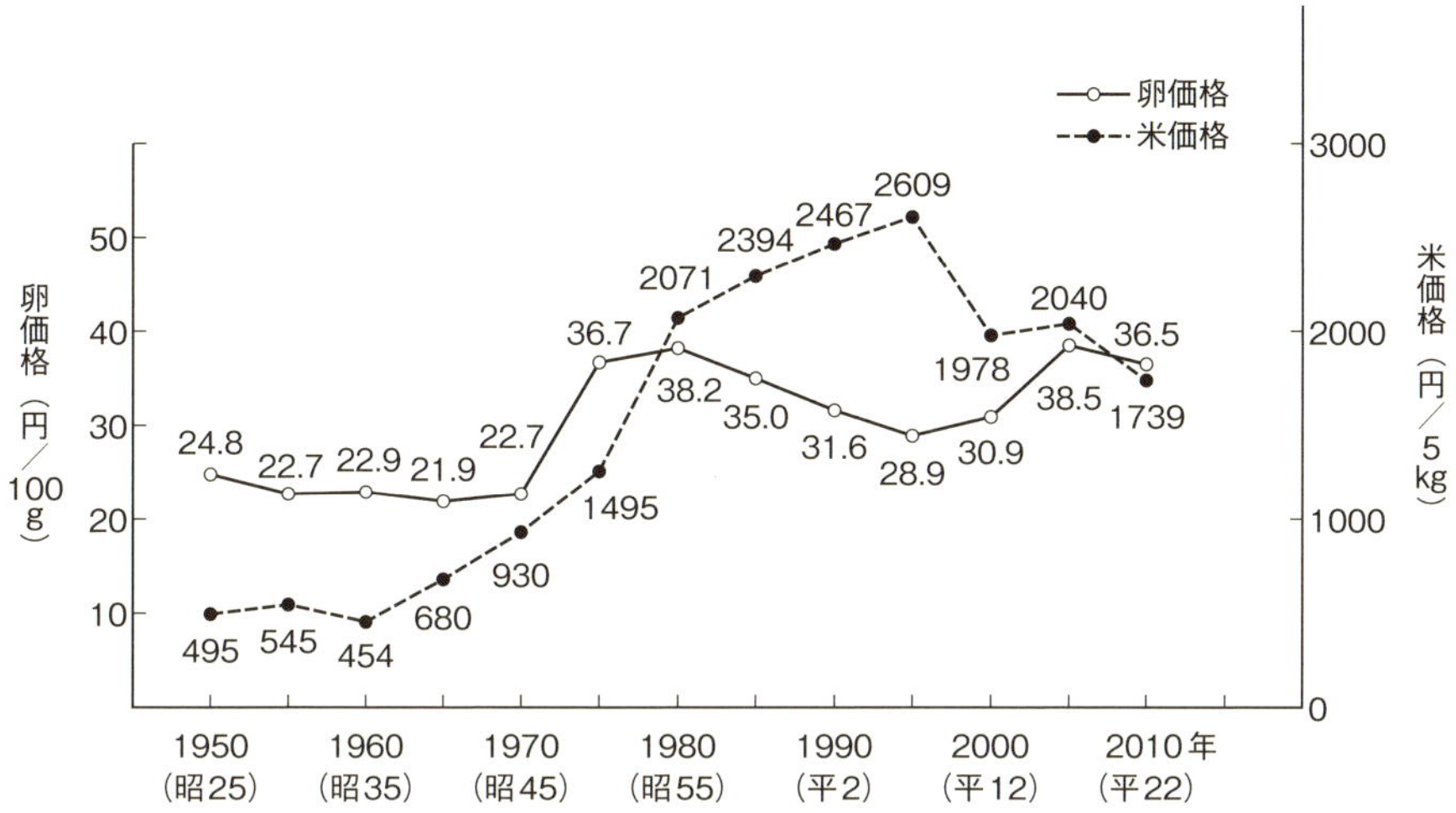

図5−2　卵と米価格の推移

（総務省統計局「小売物価統計調査」より作成）

になります。

成人におけるタンパク質の1日当たり必要量は体重1kg当たり約1gとなります。仮にその必要量全部を卵で供給したとしても150円程度です。ここにも食料資源としての卵の優秀さをみることができます。

揺らぐ卵の安い価格

卵の生産費の内訳をおおざっぱにみると、飼料費が70%、ヒナ代17%、労働費10%、その他3%となっています。生産費の多くを占める飼料代を米国から輸入する安い飼料に頼ることで、日本の養鶏は世界最高水準にまで伸びてきたのです。しかしながら、これまで安い卵を大量に供給してきた日本の養鶏の基盤が、現在大きく揺らいできていることを十分に理解する必要があります。

これまでの日本の養鶏は、いってみれば外国の安い飼料を卵につくりかえる「加工畜産」にすぎないのです。畜産経営の本来の姿は、餌の生産から家畜の飼育まで一貫しているところにあります。この点からみると、日本の養鶏は餌生産から切り離された「根なし草的」な畜産形態であるといえるでしょう。このような事態を危惧して、最近では海外に卵の生産拠点を移す養鶏業者も出てきました。

世界的な飼料価格の変動の影響を受けながらも、日本国内での養鶏業者の努力によって卵の価格はほぼ一定に推移してきました（菅野ら２０１５年）。

その理由として、おもに次の四つのことが考えられます。一つには、鶏の品種改良がすすみ、１羽の鶏が産める卵の量が50年前とくらべて約１・６倍に増加していることです。二つめには、鶏の餌となるトウモロコシも品種改良がすすみ、作地面積当たりの収穫量が増加していることです。三つめには、養鶏の生産システムの簡略化やオートメーション化によって狭い土地で大量の鶏を飼育できるようになり、人件費を節約できるようになったことです。四つめとしては、生産から消費までの各段階で近代化がすすみ、卵の流通の流れが養鶏場→産地ＧＰセンター→消費地問屋→スーパー・小売店へと簡略化されたことです。

そのほかにも、卵が物価の優等生であり続けてきた秘密として、為替相場が円高基調に推移してきたことも指摘しておかねばなりません。昭和55（１９８０）年頃の為替はＵＳドルに対して２２７円程度で、現状（２０１９年）の１１０円程度にくらべてかなり円安であったことがわかります。したがって、それ以降の鶏の餌代の高騰が円高基調によって吸収されてきたのです。

とはいえ、今後は為替相場の変動に揺らがないような国産飼料の生産が欠かせません。さらに、アニマルウェルフェア（動物福祉）の考え方に基づいた飼育方式への改善も、今後卵の価格に影響を与えるに違いありません。このような状況下で養鶏農家の収入増を図りながら、為替相場に左右されにくい生産構造をつくり出すなど卵価格の安定を維持していくための対策が必要となってくるでしょう。

2 日本における卵の生産に必要なこと

求められる日本独自の自給飼料

日本では卵消費量２６４万トンのうち輸入は12万トン（5％）と、ほかの畜産物などにくらべて少なくなっています。

平成28（２０１６）年2月には12ヵ国で環太平洋経済連携協定（ＴＰＰ／直後、米国がトランプ新政権のもとで離脱）が署名されましたが、ＴＰＰ参加国からの輸入量は3万トン（1％）にすぎません。しかも、そのほとんどが粉卵と液卵などの加工卵であり、その用途が限られているため、国産品と直接的に競合することはほとんどないと予測されています。

しかしながら、卵の生産に投入される飼料の原材料（トウモロコシなど）や種鶏などもTPP協定の対象品目となっているため、長期的には国産卵の生産性を向上させるための体質強化策を検討することが必要ではないでしょうか。

近年、水田農家では生産調整（減反）政策を受けて食用米から飼料用米へ転換がすすめられ、国内では飼料用米の採卵鶏への利用もはじまっています。鶏には食物をかみ砕くことのできる筋胃（きんい）があるため、玄米だけでなく、籾米も利用が可能ですが、現在はおもに玄米が餌として検討されています。

飼料用米を餌として給与すると、卵黄が白に近い淡い黄色になったり、栄養価の面で脂肪酸の組成が変化したりするなど、トウモロコシなどの輸入飼料にはない特徴が卵に現われてきます。それらを飼料用米給与のメリットとして高付加価値化につなげていくことが求められます。

「エリートストック」が少ない日本

第2章で述べたように、日本は採卵鶏の「エリートストック」をほとんど保有していないことから、日本の採卵鶏のなかで国産鶏が占める割合は4～5％というのが現状です。そのため、現在多くの研究者が「エリートストック」となる国産鶏を開発しようと取り組んでいます。

さらに、日本独自の優良な産業鶏の開発を考える場合には、暑熱の環境下でも高い産卵能力を発揮できるような鶏の開発を行なっていく必要があります。

このように、わが国独自の国産鶏種にこだわり、通常の外国鶏種とは異なる「卵用地鶏」を開発して差別化、付加価値化していくことはとても意味のあることです。卵用地鶏とは、「通常の外国鶏種の卵用鶏と異なり、在来種を交配利用した卵用鶏」です。卵用地鶏の遺伝子解析を使った最新の育種改良法なども取り入れて、能力が向上した地鶏を開発していくことが望まれます。

これまで、卵用の「名古屋コーチン」や「土佐ジロー」「あすなろ卵鶏」「岡崎おうはん」などの卵用地鶏が開発されてきました。しかしながら、まだまだ差別化の大きな流れにはなっておらず、今後の展開が期待されます（山本　２０１６年）。

動物福祉に配慮した飼育システムが広がるEU諸国

毎日のように食べている卵がどのような環境で採卵されているのかを知っている人も、関心をもつ人も少ないのが現状です。日本国内では採卵鶏はほとんど身動きがとれない小さなカゴのなかで飼育する「バタリーケージ飼育」が大半です。鶏舎内はカゴが何列も連なり、餌や水の供給から、産んだ卵や糞の運搬まで自動で行ないます。そのため足元は糞が落ちるように網目状になっています。

世界的に卵の生産システムには大きな変化が押し寄せてきています。近年、西欧諸国を中心に「動物福祉（アニマルウェルフェア、AW）」という概念が一挙に広がってきているのです。

動物にとっての5つの「自由」―痛み・傷害・病気からの自由、空腹・渇きからの自由、正常行動発現の自由、恐怖・苦悩からの自由、及び不快感からの自由―という観念をもとに、動物にとっての福祉を達成するという考えです。

経済優先の飼育方法をやめ、快適性に配慮した動物飼育のあり方を求める西欧諸国の人々の考え方には、畜産がさかんな地域らしい先進性を感じます。

養鶏においても生産第一主義の「工場的養鶏」の解消が課題となっていますが、とくにEU諸国においては厳しい取り決めにより、飼育床面積が小さく狭苦しい従来型のバタリーケージが廃止され、平飼い方式とバタリー方式を組み合わせた飼育方式が広がってきています。

現在、動物福祉に合致した飼養システムは数種類ありますが、EU基準の「多段式平飼いシステム（エイビアリーシステム）」がドイツ、オランダを中心に普及しはじめています。このシステムは、従来のケージシステム同様に自動集卵や自動給餌、除糞ベルトを備えているだけでなく、平床全面には仕切りがないために鶏が自由に動き回れるようになっています。日中はその平床に下りて運動し、餌や水を摂取したり産卵したりする時には上段の巣箱に上がるようにした方式です（村田　２０１７年）。

日本における動物福祉の動き

日本でも平成25（２０１３）年に「産業動物の飼養及び保管に関する基準」が改訂され、「産業動物の快適性に配慮した飼養及び保管に努めること」という規定が加わりました。

このように、ようやく日本の養鶏業界も世界の新たな動きを視野に入れ、動きはじめています。動物福祉を視野に入れた今後の国内での規制に関しては、EUのように法律を先に決めてから実施するよりも、米国のように養鶏業界が自主的にガイドラインを策定し、そのうえで民間の認証機関が示した基準をもとに運用していくものと思われます（田中 2017年）。

日本では、鶏の飼育環境においては従来、温度や湿度、明暗、換気、さらには給水・給飼の面が重要視され、動物愛護型の飼育方式が確立されてきています。

現在の通常型のケージ方式から、ケージ内部に巣箱や敷料、止まり木、爪研ぎ具を設置し、前面のケージドアをはずして鶏の出入りを自由にしたケージ方式（エンドリッチケージシステムの改造版といえるもの）や平飼い飼育などへの転換が予測されます。

これまで動物福祉では欧米諸国が先行してきましたが、日本でも2020年の東京オリンピック・パラリンピックを契機に、食材調達の点でもこのような世界的な流れに対応しておく必要があります。欧米では動物福祉認証が普及し、認証されると畜産物が2～3割高く売られることが多くなってきています。

日本でも、卵を購入するのに価格という基準だけでなく、多様な選択肢を考慮して選ぶ傾向が広がってきています。とはいえ、日本では動物福祉自体が一般的に知られていないのが現状ですので、今後は国の規制や農家の取り組みを推進しつつ、消費者の意識向上を図っていく必要があります。鶏は卵を産む機械ではなく、生きものです。養鶏の環境改善には消費者の意識改革も不可欠なのです。

3 「デザイナーエッグ」の時代がやってくる

機能性強化のデザイナーエッグの登場

「飽食の時代」が流行語になり、日本人が食べすぎを自覚しはじめた1980（昭和55）年代前半頃から、体の調子を整えて病気を予防する成分を抽出して効果的に摂れるようにした機能性食品が登場してきます。

それまでは食べたいものを食べ、病気になったらクスリで治すという発想でした。それが最近では、クスリと食品の領域が近づくことで、食を通じて病気を予防というような発想に変わってきました。

このような背景のもと、食品の機能性を表示できる保健機能食品制度として、平成3（1991）年に栄養改善法により「特定保健用食品（トクホ）」が、平成13（2001）年には食品衛生法により「栄養機能食品」が生まれました。さらに、平成27（2015）年4月からは、健康効果とその安全性を消費者庁へ届ければ事業者の責任で「機能性表示食品」と表記できる制度が新たにはじまりました（表5−2）。

トクホは国が有効性や安全性を厳しく審査し許可するもので、人体での試験が必要になります。そのため費用が億単位に及ぶこともあり、申請から許可まで1年から数年かかるのが一般的です。

いまのところ卵自体がトクホというのはありませんが、植物性ステロールを添加して、卵黄コレステロールの吸収性を抑制したマヨネーズタイプの製品がトクホとして市販されています（石川 2005年・2015年）。

一方、機能性表示食品では、人体での試験は必要なく、過去の学術論文などを用いて有効性を示すことも可能です。手続きが簡素化されたため、2週間で届出が完了した例もあるようです。

近年、さまざまな栄養機能性卵が世に出ています。通常、卵の含有成分量はほぼ一定といってもよいのですが、特定の飼料成分を変えた場合やある種の抗原を投与した場合には、鶏の産む卵はある特定の機能性成分を多く含み、通常のものと異なってきます。

このような卵は、養鶏業者が前もって飼料中の栄養成分を企画して産ませることから、「デザイナーエッグ」と呼ばれています。

こうした機能性を強化した卵の栄養成分の含有量が普通の卵の何倍、何十倍もあれば、1個食べるだけで1日の栄養素の必要量を満たすことも可能になります。さらに、栄養機能成分を含んだ卵は人の健康維持に貢献する食品ともなり得ます。こうしたことから、今後は社会が要求するようなデザイナーエッグを生産していくことが、今後の採卵養鶏産業のすすむ道の一つとなっていくことでしょう。

飼料から卵に栄養成分を移行させる

栄養機能食品では、科学的な根拠が確認されたビタミンやミネラルなどの栄養成分の1日当たり摂取量が国の定める基準値（上・下限値）に適合している場合に、届出なしに栄養成分機能の表示ができます。

表5−2　保健機能食品の特徴比較

（日本医師会ホームページ「健康の森」より）

分類	表示の対象食品	国の審査	届出・承認	その他特徴
特定保健用食品（トクホ）	健康の維持増進に役立つことが科学的根拠に基づいて認められ、表示が許可された食品	○ 効果や安全性の審査が必須	○ 消費者庁長官が許可	トクホだけが表示できるマークがある
栄養機能食品	ビタミン、ミネラルなど指定の栄養成分を基準量含む食品	×	×	国が定めた表現で表示
機能性表示食品	生鮮食品を含む全ての食品（一部対象除外あり）	×	△ 企業が科学的根拠を提出する届出制	企業の責任で機能性を表示

表5−3　栄養成分強化卵の種類

（石川 2005 年）

栄養区分	具体的な化合物
ビタミン	ビタミンA、ビタミンD、ビタミンE、ビタミンB_1、ビタミンB_2、葉酸
ミネラル	鉄、ヨウ素、セレン
不飽和脂肪酸	α-リノレン酸、EPA、DHA、共役リノール酸
カロテノイド色素	ルテイン、ゼアキサンチン、リコペン、β-カロテン、アスタキサンチン
その他	大豆イソフラボンなど

表5−3に示したように、すでにビタミンなどを強化した「栄養成分強化卵」が市販されています。栄養素のなかでも卵に移行しやすいものとしにくいものがあり、一般に水分やタンパク質、脂質などの主成分は飼料によって変動しません。ミネラル類や水溶性・脂溶性ビタミン類、不飽和脂肪酸は移行しやすく、たとえば脂溶性ビタミンは卵黄中に、水溶性ビタミンは卵白にも卵黄部分にも移行することが知られています。

一方、カルシウムやマグネシウム、アミノ酸などは移行しにくく、卵に存在しないビタミンCも体内ですべて代謝されてしまうため、卵に移行することはありません。

有効成分の卵への移行率も重要です。そのほかに、それぞれの成分の含量、産卵率と産卵量、保存性や卵質、鶏の健康に及ぼす影響なども問題となってきます。

現代の日本人に不足している成分としてよく取り上げられるのはカルシウムですが、いまのところカルシウム強化卵の生産は実現していません。その代わり、極微粉化した卵殻粉がカルシウム栄養強化剤として加工食品に添加され、活用されています。

このほか、ビタミンD・E、α－リノレン酸、DHAなど2種類以上の栄養素を増強させた「栄養強化卵」も市販されています。さらに研究がすすめば、特定の人をターゲットに個別の要望に応えた機能性卵の開発も可能になるに違いありません。

さまざまな場面に対応した卵の登場

「栄養強化卵」としては、たとえば妊娠中の摂取要求量が高くなるビタミンDや葉酸などの栄養素を強化した「妊婦用卵」が考えられます。葉酸は、胎児の脳や脊髄の発達に関与する栄養素であり、さらに近年深刻化する広汎性発達障害のリスクを低減させる効果が認められるという新たな知見も示されています。

現在、葉酸を高濃度に含む「葉酸卵」が開発されるなど、葉酸含有食品は徐々に拡大しています。調理後の卵の中の葉酸は安定的に存在しているようです。サプリメントとは構造上、違っていることが関係しているのかもしれません。食品中で有効成分が安定性を示すことは重要なことです。

そのほかにも、高脂血症の患者のためにn－3系不飽和脂肪酸と共役リノール酸を強化した「脂質代謝改善卵」、抗酸化作用をもつセレンやビタミンA、E、ルテイン、アスタキサンチンなどを強化した「老化防止卵」なども可能でしょう。

栄養強化卵とサプリメントが大きく異なるところは、生鮮食料品である栄養強化卵はさまざまな食品に加工することができ、食品として摂取できることです。また、機能性成分を栄養強化卵から摂取したほうが、サプリメントで摂取するよりも吸収性が高く、しかも有効成分が卵に移行する過程でより活性型（たとえば大豆イソフラボン）に変わります。こうした機能性に関する優位性を示すことによって、今後機能性卵の市場価値はますます高まってくるでしょう。

たとえば大豆イソフラボンは女性ホルモンのエストロゲンに似た働きをし、骨粗鬆症や更年期障害、乳がんなどの女性疾患に対する有効素材として、現在さかんに研究されています。鶏にこうした大豆イソフラボンを与えることで、人にとって有益な卵を提供するだけでなく、鶏の健康維持自体にも役立つことが期待できます。

今後は超高齢化社会に突入し、生活習慣病患者がさらに増えてくることが予想されます。それらの病気を予防するうえで、新たな健康機能を強化した食べるクスリ「プレミアムエッグ」ともいえる卵は、国民の健康の維持と生活の質の向上に大きく寄与するものと思われます。

現在、卵関係で機能性表示食品として市販されているものとしては、血圧高めの方に適したα－リノレン酸高含有機能性表示食品「アマニ油含有マヨネーズ」と数種のドレッシング類があります。今後、機能性の高い卵のタンパク質や脂質を利用した機能性表示食品の開発が求められます。

卵黄の色素を増した機能性卵

日本では卵黄の黄色が濃いものが好まれるため、飼料にマリーゴールドやパプリカなどを混ぜることもあります。餌に純度の高い天然色素のカロテノイドを添加することによって、卵黄に適切な量のカロテノイドが移行します。

飼料に用いられる色素製剤には、おもにルテイン系やカプサンチン（パプリカ色素）系、カンタキサンチン系、アスタキサンチン系があり、目的に応じて使用されています。このうち、フラミンゴの羽毛やサケ・マスの赤い色調にも含まれているカンタキサンチンは、濃黄色からオレンジ色の色素を生み出すため、鮮やかな卵黄色をもたらします（後藤 2010年、早川 2016年）。しかも、このような色の発現だけでなく、カロテノイドの供給源にもなるのです。

夏場にかけて日本の海岸に大量発生するアオサには、カロテン色素やヨウ素などの栄養素が多く含まれていることから、粉末化したアオサを採卵鶏に給与して機能性卵をつくる試みが行なわれています。この実例では、アオサの給餌により卵黄中のβ－カロテンとヨウ素の含量の増加が認められました。

一方、アスタキサンチンは赤いカロテノイド色素で、桜エビ、エビ、カニなどに含まれています。抗酸化作用が強く、アンチエイジングなど多岐にわたる効能があります。餌にアスタキサンチン含有酵母とアマニ油とを加えて、アスタキサンチンとα－リノレン酸を増量させた卵も生産されています。これも老化防止や病気予防に役立つ栄養素を含んだ機能性卵です（白澤 2017年）。

健康によい不飽和脂肪酸を強化した卵

カナダのエス・シム博士は、採卵鶏にα－リノレン酸入り飼料を与えることでデザイナーエッグの開発に成功しました。これにより、卵に含まれているアラキドン酸を維持しながら、DHAの量を増やすことができ、n－6系脂肪酸（リノール酸など）とn－3系脂肪酸（α－リノレン酸、DHA、EPAなど）の比率（n－6／n－3）が約10から約1に減ります。このα－リノレン酸強化卵を摂取する人体試験においては、血清の中性脂肪が減り、DHAが増えたことが証明されています。

このn－3系脂肪酸を強化した卵は、実験動物や人の血漿コレステロール値を低下させることも明らかになっています。また、授乳期の母親が食べると、母乳中のn－3系脂肪酸が増加し、乳児の発育と健康に好ましい影響を与え

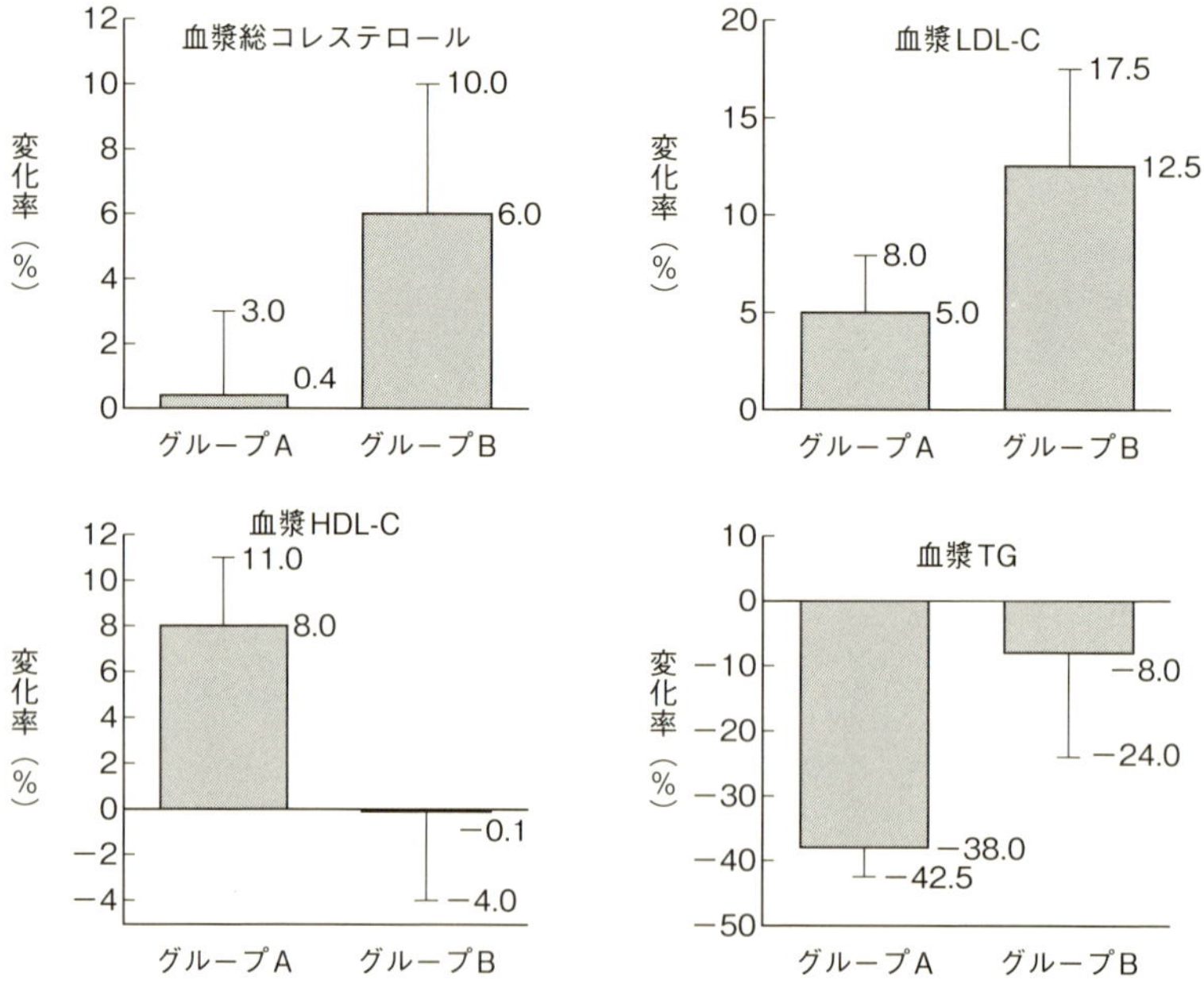

図5－3　n-3多価不飽和脂肪酸強化卵の人による摂取効果

（J.S. シム, 2006）

人ボランティア被検者に、3週間、通常の食事に、グループAにはn-3多価不飽和脂肪酸強化卵を、グループBには普通卵を2個ずつ追加摂取

ることがわかってきました。このα－リノレン酸強化卵は、とくに魚の摂取が少ない欧米の人たちや魚嫌いの人たちにとっては朗報でしょう（図5－3）。

このほか、もともと卵には含まれていない共役リノール酸（conjugated linoleic acid／CLA）などの健康機能をもつ成分を、飼料に添加して卵中に高濃度に蓄積させた栄養強化卵の開発も話題となっています。採卵鶏に2％のCLAを含む飼料を与えると、卵1個当たりに300mgのCLAが蓄積されます。

このCLAには、脂質代謝の改善や動脈硬化の抑制、免疫の活性化、骨代謝の改善など、さまざまな健康増進機能が認められています。

食品に含まれる栄養成分の利用効率はそれを受け入れる個人の身体状態によっても違っており、必要な成分や量も個人によって異なります。また、食生活や運動、飲酒、喫煙などの習慣や個人がもつ遺伝要因（遺伝的個体差）も、生活習慣病などの発症に関係してきます。こうした個人の身体状況や体質などに合わせた栄養機能強化卵の開発が求められています。近い将来、こうしたカスタムメイドされた「個人対応デザイナーエッグ」といった機能性卵も実現するでしょう。

卵もいまや差別化の時代です。これらの差別化卵を利用した加工品についても、多くの消費者が求めている健康志向にマッチするような工夫が必要となってくるに違いありません。

4 新しい卵食文化をデザインする

卵アレルギーのおもな原因は卵白に

食物アレルギーとは、本来は体から異物を排除するための免疫機能が、摂取した食べものに対して働いて体にさまざまな反応が起きることを指します。

厚生労働省は、平成14（2002）年に食物アレルギーに関する全国規模の疫学調査の結果から、とくに重篤なアレルギーを起こしやすい5品目（卵、乳、小麦、そば、落花生）を「特定原材料」として指定し、これらを含む加工食品にその表示を義務化しました。このように食物アレルギー対策はいまや社会的に重要な課題となっています。

卵はとくに乳幼児において、牛乳と並んで食物アレルギーが起こりやすい食品とされており、近年日本では10％ほどの乳児が卵アレルギーに悩まされているといわれています。

しかしながら、０歳児の場合はアレルギーを発症した原因食品の56％を卵が占めているものの、４〜６歳児になると14％まで下がり、その後は成長とともにさらに減少していきます。小学生以降になると卵アレルギーが残るのは発症した子どもの１割程度となっています（厚生労働省、厚生労働科学研究班による食物アレルギーの診断の手引き、２０１１年）。このことからわかるように、乳児期に発症した卵アレルギーの多くは自然に治まっていくといえます。

卵のアレルギーのおもな原因は卵白にあり、その主要なタンパク質であるオボアルブミンやオボムコイドなどがアレルゲンとなります。このうち、オボアルブミンのアレルゲン性は卵を加熱凝固させることで消えますが、熱に対して高い安定性をもつオボムコイドのアレルギー活性は熱を加えても残ります。

このオボムコイドのアレルギー活性は１００℃にて30分までの加熱によってもまったく変化せず、完全に消失させるには１００℃で90分以上加熱する必要があります。したがって、通常に調理した茹で卵ではオボムコイドの抗原性が残っています（中村　１９９８年）。

特定の地域や集団に属する乳児期の子どもを対象にして、卵白に対するアレルギー反応を調べた実験結果があります。この実験では、アレルゲンを排除するために生体内でつくられるＩｇＥ抗体が、血液内を流れて皮膚や粘膜にいるマスト細胞の表面にくっついて待機した状態（この状態を「感作」という）にあるかどうかを調べます。この方法によると、卵アレルギーの子どもは30％ほどに達します。ところが、加熱した卵を摂取して症状が出るのはその３分の１程度に減ります。

この減少は、加熱によりおもにオボアルブミンのアレルゲン性が消えたことによるもので、オボムコイドのアレルゲン性は残っていることを示しています。卵黄にもホスビチンやアポタンパク質などのアレルゲンが存在しますが、卵白のアレルゲンと比べると、アレルギー症状が起こる頻度やその重症度ははるかに低いものです。

アレルゲンを摂取する「経口免疫療法」

卵アレルギーは離乳前の乳児に多いこともあり、「ＩｇＥ抗体の感作」は母親の母乳を介して生じるとも考えられます。ところが妊娠中や授乳中に母親が食事制限をしてアレルゲンを避けても、子どもの食物アレルギーを防ぐ効果はほとんどありません。

母乳中には食事由来のアレルゲンがわずかに含まれ

ていることが確認されています。そのアレルゲンは母乳中の抗体と結合してワクチンのように働き、乳児の食物アレルギーを予防する可能性が示されています。

したがって妊娠中や授乳期にはアレルゲンとなりうる卵を避けるのではなく、むしろ卵も含めてさまざまな素材をバランスよく食べることが重要なのです（成田　2007年）。

以前は、子どもの食物アレルギーを防ぐために、卵やピーナツなど原因となる食品を乳児期の早いうちから摂取することは避けるべきだとされてきましたが、最近は、早期から少量ずつ摂取させることが発症を防止することにつながるとの研究成果が国内外で相次いで発表されています。

この考え方により、重症の患者には症状が出ない摂取量の限界を調べ、厳密に量を計算しながら食べることで、アレルゲンに対する耐性がつくことをめざす「経口免疫療法」という療法の改善がすすんできています。「食物アレルギー診療ガイドライン2016」でもこの療法を段階的に行なうことが推奨され、その専門病院もみられるようになってきました。

その一つに独立行政法人国立病院機構相模原病院臨床研究センターの海老澤元宏医師たちによる研究段階の治療法があります。この療法では、まず「原因食物を少量でもよいから安全になんとか食べさせる」からはじまり、「食べると症状が出なくなる」を経て、最終的に「治る」を目標に行なわれます。

この試験研究では、「加熱脱オボムコイド卵白」（卵白を加熱してアレルゲンを低下させた凝固物を粉砕し、水洗してオボムコイドを除去・調製した製品）を使用してクッキーをつくり、これを小児アレルギー患者に卵1個分にあたる量で4～8週間にわたって経口摂取させます。その結果、卵アレルギーの患者の約4割が卵白によるアレルギー症状を起こしにくくなり、卵白を食べられるようになりました。この結果はアレルギーへの反応性が低下したこととアレルギー体質が改善されたことによっています。

このように、低アレルゲン化した食べものを用いた経口免疫療法により、アレルギーの寛解《かんかい》（全治ではないが症状が治まること）に誘導されることがわかってきたのです。今後、このような積極的治療によって広く食物アレルギーの治療が行なわれることが期待されます。

卵アレルギー予防の新しい手法

一方で国立成育医療研究センターの大矢幸弘医師たちのチームでは、卵アレルギー予防に新しい手法を見出しました。それは、湿疹の症状があるものの卵アレルギーが未発症の乳児に対して、生後6ヵ月から卵を食べはじめさせるというものです。これにより1歳時点で卵アレルギーになるのを約8割減らせたという成果が出ています。

その試験を具体的にみると、生後4～6ヵ月時点で食物アレルギーを発症するリスクが高いとされるアトピー性皮膚炎の乳児に対して、生後6ヵ月から1歳の誕生日まで、離乳食のおかゆに茹で卵（黄身と白身）とカボチャの粉末を混ぜるグループ（60人）と、カボチャの粉末だけを混ぜるグループ（61人）に分けて、毎晩食べさせました。親も主治医もどちらの粉末を食べたかはわかりません。

この摂取とあわせて全身にステロイドを塗るアトピー治療もはじめ、その結果すぐに両グループともに皮膚はツルツルになりました。そして1歳の誕生日の直後に、茹で卵2分の1個に相応する粉末を食べる負荷試験を行なうと、卵アレルギーの発症率はカボチャのみの粉末グループで38％、茹で卵とカボチャの粉末グループで8％と、茹で卵を摂取していたグループのほうが発症は8割ほど低くなっていたのです。

このように、1歳時点で卵アレルギーの発症を抑えることができたことは画期的なことです。食物アレルギーを治療する際には、血液検査がアレルゲンに対して陽性というだけで安易にそのアレルゲンとなる食べものを完全に除去してしまうのではなく、できるだけ摂らせるという方向で対処していくことが必要です。

アトピーの早期治療で食物アレルギー抑制

特定の食品により食物アレルギーが発症するかどうかは、先天的なものではなく、後天的なものです。そのため、親が卵アレルギーだとしても、子どもも同じように卵が危ないと心配する必要はありません。

一般的に食物アレルギーとアトピー性皮膚炎は混同されがちですが、食物アレルギーがアトピー性皮膚炎の直接の原因になるわけではありません。逆に、アトピー性皮膚炎によって皮膚の湿疹の状態が悪くなることで、皮膚から食物アレルギーを引き起こす抗原が入り込みやすくなるのです。したがって、乳幼児の早期に湿疹をしっかりと治療すれば皮膚から抗原が入り込むことが防げるので、食物アレルギーの発症が抑制されるといわれています。

こうした研究の成果として、食物アレルギー発症のメカニズムにも新たな説が出てきました。つまり、食物アレルギーは食品を摂るのがきっかけで起こるのではなく、異物の侵入を防ぐバリアー機能が落ちた皮膚から食品の成分が入ることで、過剰な免疫反応が起こるという説です。生後1、2ヵ月でアトピー性皮膚炎があると、3歳で食物アレルギーを発症する率が7倍ほど高かったのです。研究チームは、アトピー性皮膚炎がある場合は適切な治療をしないと皮膚から卵の成分が入るリスクが高いと指摘しています。

このような考え方は新たな予防法につながっていく可能性があり、子どもが卵アレルギーになるのを防ぎたい親にとってはまさに朗報です。ただし、家庭で実践する際は自己流ではなく、専門医に相談することが重要です。

乳児期の早期から湿疹の治療をはじめるとともに、「食物経口負荷試験」によって正しい診断を行ない、微量摂取をすすめていくことが、今後は卵アレルギーへの対策としてますます重要になっていくのではないでしょうか。

平成29（2017）年6月、日本小児アレルギー学会は、「鶏卵アレルギー発症予防に関する提言」を発表しました。アトピー性皮膚炎に罹患した乳児については、アトピー性皮膚炎の治療をしっかり行なって症状を寛解させたうえで、医師の管理のもとで生後6ヵ月から卵の微量摂取を開始することを推奨しています。

一方で、すでに卵アレルギーが疑われる乳児の場合には、卵の摂取はきわめて危険性が高いため摂取しないように注意を促しています。いかに治療法の有効性と安全性を両立させるのか、さらなる検討が必要でしょう。

5 生物工学によって卵の可能性を広げる

卵黄抗体IgYを医薬品として活用する

母乳をもたない鳥類では、卵の卵黄が家畜の初乳に相当します。そこに親鶏からの免疫グロブリンIgGが卵黄抗体のIgYとして蓄積されます。ヒナは卵黄からこの抗体を吸収した状態で孵化するため、孵化後のヒナはその抗体で病原体から身を守ることができるのです。この鳥類に特徴的な母子間での抗体移行システムを利用して、いまや鶏はバイオ工場として利用されてきているのです。

なぜなら卵は毎日産み落とされ、その卵黄中には抗体が高濃度に含まれており、採血せずに卵黄中から容易に大量の抗体を集めることができるからです。これは抗体を得る理想的な方法といえます（八田　２０１５年）。

特定の抗原に対するワクチンを鶏に接種して体内に抗体をつくらせることで、産んだ卵の卵黄からその抗原に対して特異的な抗体を得ることができます。この抗体は臨床検査薬や免疫研究試薬として利用されるだけでなく、ヒトや動物が経口摂取することで消化管内に病原菌が付着感染するのを阻害する治療薬としても応用されています。

実際、人体から取り出されたピロリ菌と大腸菌を混合して採卵鶏に注射し、その産んだ卵が、ピロリ菌を除去する「免疫卵（ＩｇＹ卵）」として発売されています。これには、ピロリ菌による胃がんなどの消化器系がんの発病率を低下させる効能があります。そのほかにも虫歯の予防やウイルス性下痢症の予防に効果のある抗体を含んだ卵、セリアック病の治療用の抗体（児玉　２００６年）を含んだ卵、ノロウイルスに対する抗体（Dai *et al.*, 2012）を含んだ卵も生産されています。

岐阜大学の長岡利氏の研究グループは、鶏に豚のリパーゼ（脂質の消化を行なう消化酵素）を注入し、その卵黄から抗リパーゼ抗体を調製することに成功しました（Hirose *et al.*, 2013）。この抗体を高脂肪食に０・２％混ぜてマウスに35日間与えて飼育したところ、混ぜていない対照群と比較して体脂肪が平均して１・６％低くなったとしています。今後、ヒトでの試験が行なわれて安全性が確認されれば、肥満を予防する機能性卵として期待されます。

現在はヒトだけでなく、動物の医薬品としての利用も研究されています。たとえば錦鯉の感染症である穴あき病を予防するために、その抗原を鶏に接種してつくり出した卵黄抗体を餌に混ぜて与える方法について新しい知見が見出されています（柚本　２０１７年）。

養鶏場が医薬品製造工場になる

遺伝情報を変える手法としては、突然変異、遺伝子組み換え、ゲノム編集の3つがあります。

米国では食品医薬品局（ＦＤＡ）が、遺伝子組み換え鶏の卵から調製したライソゾーム酸性リパーゼ「カヌマ」という酵素製品を承認しました。現在、米国の企業がライソゾーム酵素リパーゼ欠損症患者の治療薬として発売しており、日本でも平成28（２０１６）年に医薬品として承認されました。これは世界初の遺伝子組み換え鶏の実用化であり、その技術は今後難病に対するほかの医薬品開発にも活用されることが期待されます。

ゲノム編集は、遺伝子がのったＤＮＡをねらった場所で切って変異を起こさせます。ＤＮＡを切る材料にも遺伝情報が含まれるため、作業中は遺伝子が組み換えられた状態になりますが、この「はさみ役」の遺伝子は取り除けます。このような処理により最終的に外部の遺伝子を含まなければ、遺伝子組み換え食品の定義にあたりません。卵に関する分野においてもゲノム編集の利用範囲が広がっており、農業は転換期を迎えているといってもよいでしょう。このような技術によって新たなアレルギー物質などができる可能性もあり、研究者の間でも安全性に対するリスクをめぐって推進派と慎重派に意見が分かれています。

おそらく、養鶏場が医薬品工場の役目を担う日がくることもそう遠い未来の話ではないでしょう。このように鶏が医薬品開発に利用されるのは、牛や羊より飼育しやすく、受精から誕生までの期間も21日間と短く、また卵タンパク質の生産効率も高いことによっています。

ゲノム編集技術で「金の卵」の生産へ

国立研究開発法人産業技術総合研究所では、ゲノム編集により有用な組み換えタンパク質を大量に生産できる「金の卵」を産む鶏をつくり出して産業化することを目指して研究をすすめています。

平成28（２０１６）年には、卵アレルゲンのゲノム編集技術によってアレルゲンのオボムコイドの遺伝子を欠失した鶏を誕生させることに成功しています（大石勲ら／産総研、農研機構と信州大学の共同研究）。この研究ではオボムコイドをつくる遺伝子を除去し、この細胞を受精卵に移植して孵化させ、掛け合わせることによって、この遺伝子が完全に欠落した鶏を生み出すことに成功したのです（図５−４）。ただし、ゲノム編集による品種改良はつねに好ましい結果を生むとはいいきれず、社会が受け入れるには多少の時間が必要になるかもしれません。

さらに、鶏の雄の胚から精子のもとになる細胞を分離培養し、これにゲノム編集技術を使ってがんや肝炎

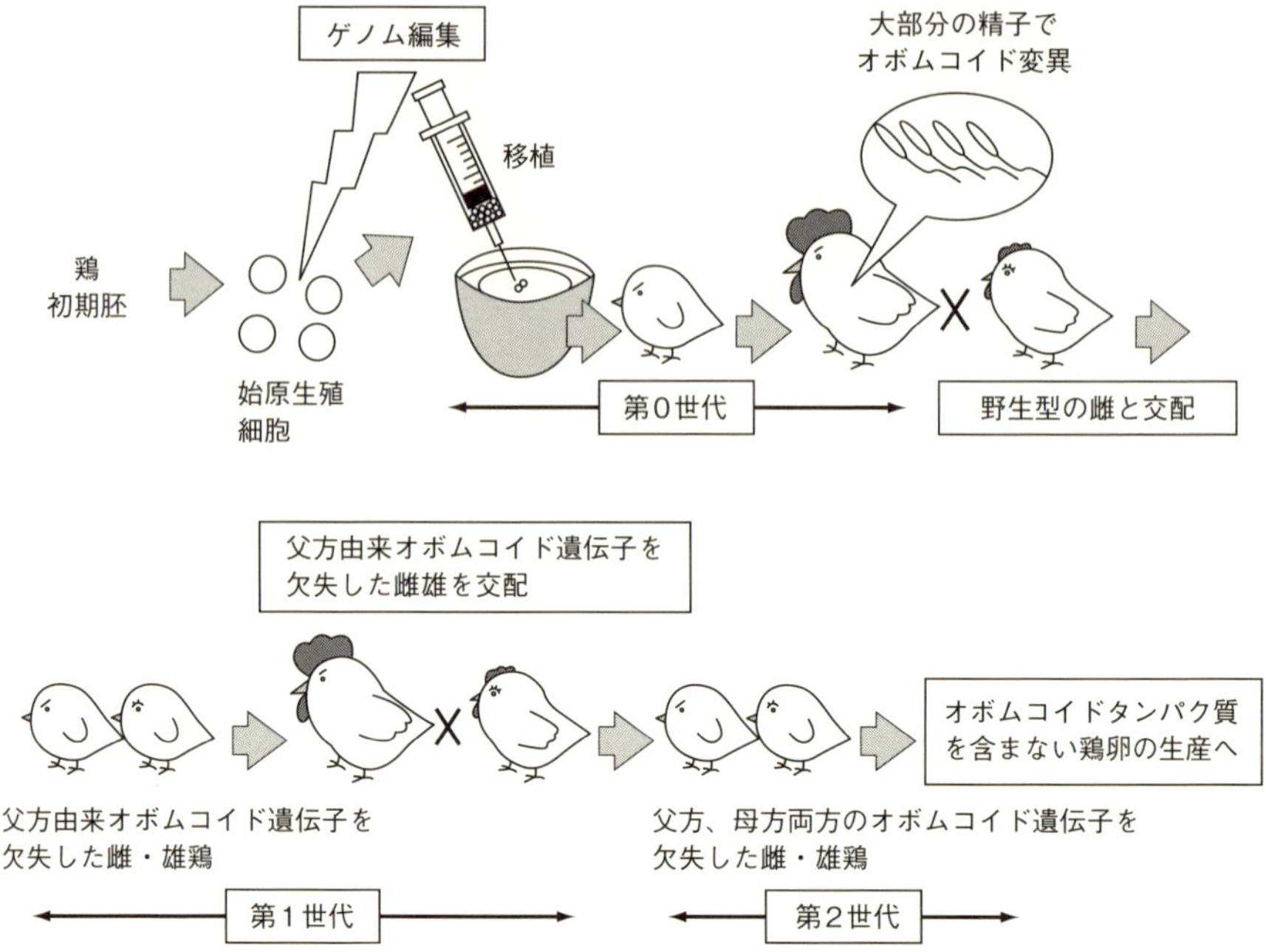

図5－4　オボムコイド遺伝子ノックアウト鶏の作製
雄鶏の初期胚（孵卵開始から2.5日経過の胚）の血液から始原生殖細胞を分離した後に培養し、ゲノム編集技術を使って細胞の中のオボムコイド遺伝子に変異（キズ）を入れました。この細胞を別の雄鶏の初期胚に移植した後に孵化させ（第0世代）、成長させると精子の多くがオボムコイド遺伝子に変異が入っていました。これらの雄鶏を野生型の雌鶏と交配して、次の世代（第1世代）では父方由来のオボムコイド遺伝子が欠失した鶏を得ました。第1世代の鶏同士の交配により、次の世代（第2世代）で父方、母方両方のオボムコイド遺伝子が欠失（ノックアウト）した鶏が得られました　（図・説明文とも大石2016年）

の治療薬に使われる「ヒトインターフェロンβ」をつくる遺伝子を挿入し、別の雄の胚に戻して孵化させました。こうして生まれた雄を野生型の雌と交配したところ、卵白に「ヒトインターフェロンβ」を含む卵を産む雌が生まれました。

卵1個当たりの含有量は30～60mgですが、市販価格から計算すると1個6000万円から3億円近い「金の卵」になるそうです。この技術を使うことでさまざまな有用タンパク質を鶏につくらせることができるでしょう（Oishi *et al.*, 2018）。

6 伝染病「鳥インフルエンザ」の防止に向けて

広がる鳥インフルエンザウイルス

インフルエンザウイルスは、A、B、Cの3タイプがあります。ヒトで流行するのはおもにA、Bの2種類ですが、鳥インフルエンザウイルス（AIV）はAだけです。このインフルエンザウイルスは「変異」を起こしやすいため、養鶏場などで蔓延すると病原性が高まったウイルスが生まれる恐れがあります。

H5N1亜型高病原性鳥インフルエンザウイルスはユーラシア大陸からアフリカ大陸まで拡散してしまい、いまだに多くの地域で猛威をふるっています。人獣共通感染病の病原体としての脅威も一向に衰えていません。野鳥がウイルス感染の媒体になっていることは確かですが、その野鳥からどのようなルートを経て厳密に飼育管理されている鶏に感染するのかもわかっていません。

迫りくる人獣共通感染病の脅威

感染した鶏と密接に接触した人やその家族に限定されるとはいえ、ヒトが高病原性AIVに感染した事例が出てきています。感染した鶏との接触や塵芥などによる空気感染には十分注意することが必要です。

過去に世界各地で発生した高病原性AIVは、感染した鳥が斃死することで消滅していました。ところが、その子孫は絶えることなく、再び家禽の被害が増加する傾向にあります。これは、家禽に不活化AIVワクチンを接種したり、感染した家禽の摘発や淘汰が徹底されていなかったりすることによっています。その結果、家禽間で感染が持続・拡大し、抗原変異ウイルスが選択されてしまっているのです。

中国やベトナム、インドネシア、それにエジプトでは、家禽に不活化AIVワクチンを接種し、感染した家禽を摘発・淘汰することが徹底されていないと指摘されてきました。これらの国々において、感染した人の数がもっとも多いことも注目されます。いますぐにワクチン頼みをやめ、感染した家禽の摘発・淘汰によって清浄化することが被害を最小限にくい止める手段であると、一貫して北海道大学人獣共通感染症リサーチセンターの喜田宏名誉教授は強調してきました。

平成25（２０１３）年には、Ｈ７Ｎ９型の新しいウイルス株の感染者が再び中国で発生しました。平成29（２０１７）年にも高病原性を獲得したＨ７Ｎ９ウイルスが家禽から分離されています。このように、中国においてヒトで発生を続けているＨ７Ｎ９ＡＩＶは、農村の「庭先養鶏」で野鳥と接触する機会が多い鶏が野鳥から感染を受け、次に養鶏家に感染しているのです。さらに、都市部では生鶏道路市場でヒトに感染が広がっているのです。こうした特異的なヒトのＡＩＶ発生パターンは、現在でも中国国内で継続しています。

図５−５　ベトナムの生鶏道路市場の例
（筆者撮影）

いまのところＨ７Ｎ９型のウイルスは抗ＡＩＶ薬に感受性を示していますが、今後はヒトに馴化したウイルスに変異する可能性があります。最近ではタミフルに耐性をもつウイルスも現われており、今後しっかりと注視していく必要があります。これまで確認されている感染者は、東南アジアの市場で生きた鳥に接触したヒトが中心です。ベトナムの生鶏道路市場では、常時生きた鶏が売り買いされているのです（図５−５）。

先進国でも発生が懸念される鳥インフルエンザ

平成27（２０１５）年5月には米国の中西部地区で鳥インフルエンザが発生しました。その際には４８００万羽の鶏が殺処分され、米国の納税者は10億ドルを負担する羽目になり、さらに卵の価格が5月から6月の間で84・5％も上昇しました。米国の家禽産業で初めて大流行したもので、家禽衛生の先進国での異常事態の発生に大きな注目が集まりました。この大流行にみるように、鳥インフルエンザの原因は必ずしも衛生上の問題だけにとどまらないことを意味しています。

ウイルスが専門の東北大学の押谷仁氏は、「経済発展を続ける新興国では人口も家畜も飛躍的に増えており、ヒトと動物の接触機会も多い。１００年前よりもリスクは増大しており、近い将来パンデミックが起きない理由はどこにもない」と話しています。新たなウイルスに備えて何をなすべきかについて、押谷氏は、まずは危機管理を専門に担う組織や人員の大幅な強化を行なうように提言しています（朝日新聞２０１７年９月10日付）。

今後、世界各地でＡＩＶが続発すれば種鶏は輸入停止となり、さらに異常気象で食料・飼料が不作となればそれらも輸入できず、日本の養鶏は存続がむずかし

Column

京都産卵の衛生管理とトレーサビリティシステム

平成16（2004）年に京都府で発生した「鳥インフルエンザウイルス（AIV）」は、20万羽を超える大規模養鶏場で発生しました。日本ではこれまで例がないほどの大規模な家畜伝染病事件となり、その際に「食品の安全と信頼の確保」に向けて取り組まれたことを振り返ってみます（山田 2005年）。

京都で高病原性AIVが発生した時には、その鶏卵や鶏肉を食べることによって感染する可能性はほとんどないことが知らされていたにもかかわらず、大きな風評被害が発生しました。鶏卵や鶏肉が店頭から撤去されたり、学校給食のメニューからはずされたりする動きが広がり、卵の購入量は大きく低下し、生産者らは大きな風評被害を受け、消費者の間には不安が広がりました。

こうした動きを受けて、同年設立された「きょうと鶏卵流通システム研究会」では消費者の信頼を回復し、リスクを管理していくために、卵の衛生管理とトレーサビリティ（追跡能力）に関するガイドラインを作成しました。

それによると集卵作業については、「一回の作業で集める卵を一つのロットとし、その情報を確認し、記録を残すことを基本とし、問題が生じた場合には、ロット単位で回収・撤去するようにします」と、被害を最小限に食い止めるための危機管理を集卵段階で徹底させることを謳っています。

また、消費者への情報提供として卵パックのラベル表示がもっとも大切な手段ですが、農場段階で「集卵日、農場名、住所、出荷月日」を、パックセンター段階で「商品名、賞味期限、選別包装責任者、共通したロット番号」を記載することを述べています。さらに、サルモネラ検査の結果や給与飼料などに関する詳しい情報は、二次元コード（QRコード）などで提供するとしています。

このように関係者が一体となって築き上げてきた「きょうと方式」が、安全・安心な鶏卵流通の先進モデルとして全国に広がることを期待したいものです。

くなります。改めて国産の鶏と国内における飼料を生産していくことの必要性が厳しく問われています。

すすむ鳥インフルエンザ予防研究

ウイルス感染した鶏が産んだ卵から高病原性ＡＩＶが検出された例はありますが、卵を食べることによって鳥インフルエンザがヒトに感染した例はありません。これはウイルスが酸に弱いため、胃酸によって死滅することも理由の一つです。

また、ＡＩＶは加熱処理（55℃、数分）で不活化し、感染性を失います。そのほかに１００ppm以上の次亜塩素酸ナトリウムや50％以上のアルコールでも不活化されます。液卵でも熱殺菌を施すとＡＩＶが不活化されることから、卵加工品ではＡＩＶの心配はありません。

日本でもウイルス感染を防ぐ対策として、基本的に養鶏場でのモニタリングの強化や国際的な港湾や空港における検疫の強化、渡り鳥の調査の継続が必要となっています。ＡＩＶの蔓延を防止する対策の一つとしては、ウイルスがアルカリに弱いため、石灰の散布が基本とされています。

一方、鹿児島大学の松鵜彩准教授は、タイの在来種鶏が高病原性ＡＩＶへの抵抗性を有することを証明しています。この抵抗性の機構が解明されれば、高病原性ＡＩＶに抵抗性をもつ鶏の品種も育種できるでしょう。

現在、亜型かどうかにかかわらずにウイルス感染を防御するための方法を確立する研究が行なわれています。その一つとして、九州大学の藤本圭万准教授による、ＡＩＶ万能ワクチンの開発に向けてペプチド免疫法を確立するための研究が注目を集めています。このように、多岐にわたる研究がすすみ、その成果に依拠した対策がとられはじめています。

卵の生産は一見単純なようにみえますが、いろいろな先進的技術が総合的に結集されて、初めて近代的養鶏が成立しているのです。養鶏は施設園芸と同じように人工環境による農業なのです。

7 日本らしい卵食文化の未来へ

和食はもともと複合的なハイブリッド料理

平成25（２０１３）年12月、「和食：日本人の伝統的な食文化」が、ユネスコ（国際連合教育科学文化機関）の無形文化遺産に登録されました。この和食と呼ばれるスタイルが誰でも楽しめる庶民的な料理になったのは江戸時代になってからであり、その普段の献立は主食となるごはん物（かて飯や粉食も含む）と味噌汁、野菜の煮物や煮魚などの主菜、浸し物などの副菜、それに漬物など香の物の一汁一菜ないしは二菜でした。

このような伝統的な和食のスタイルは、幕末の西洋列強からの圧力による開国や明治維新という大きな政治的な変動により、富国強兵・産業振興による国づくりがすすむなかで、国策として牛肉や牛乳・乳製品など畜産物の摂取がすすめられ、都市部を中心に少しずつ変わっていきました。

それでも戦前までの日常の食卓は和洋折衷型になってきたものの、和食料理が主体でした。その食生活が大きく変わってくるのは、第二次世界大戦での敗戦によってアメリカ型の食生活が急速に日本国内に浸透しはじめてからです。

さらに昭和30年代（1950年代半ば）からはじまった高度経済成長により、農村部まで含めて全国的に食生活の西洋化がすすみ、和食の位置づけに大きな変化が生じました。今日では、和風と洋風、中華風の料理が入り混じった日本特有の和食をベースにしたハイブリット料理となっています。

そもそも伝統的な和食は、もとをたどれば古代から中国や朝鮮の食文化の影響を強く受け、その後戦国時代から西洋諸国との交易（南蛮貿易）がはじまると、南蛮料理も柔軟に取り入れてきました。そうした意味ではもともと複合的な食文化だったのです。どういう時代でも、経済情勢や食料事情、生活環境などが変わることで食生活も影響を受けることは避けがたいのです。

日本人の長寿を支える「日本型食生活」

昭和60年頃（1980年代半ば）から、日本の平均寿命は男女ともに世界トップクラスとなっていますが、それを支えているのが昭和55（1980）年頃の「日本型食生活」といわれています。それは、主要な栄養素であるタンパク質（P）、脂質（F）、炭水化物（C）を、一日の食事のなかでどのような割合で摂っているかを表わした「PFCエネルギー比」のバランスが、もっともすぐれているからです（図5–6）。

この時代の和風献立が今後の和食文化の継承にあたっては一つの基準となるでしょう。近年は脂質の摂りすぎが問題になっていますが、肥満や生活習慣病を予防するためにも、昭和55（1980）年頃の食事を基準に、肉や油脂類を摂りすぎている現在の食事を改め

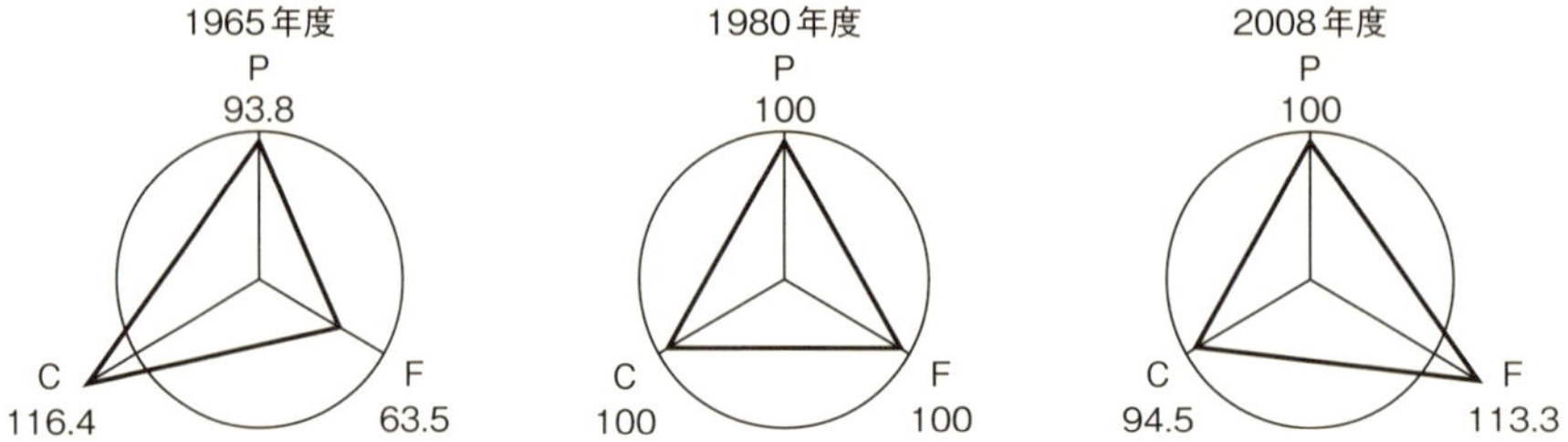

図5−6　PFCエネルギー比率の推移（1980年度＝100、供給熱量ベース）
（農林水産省「食料・農業・農村白書」より）

注　1）P：Protein（タンパク質）、F：Fat（脂質）、C：Carbohydrate（炭水化物）
2）数値は1980年度のPFC比率（P：13.0%、F：25.5%、C：61.5%）を100とした時の指数

ていく必要があります。

こうした時代背景を受けて、子どもたちも含めて国民各層に向けた「食育」の推進が叫ばれています。平成17（2005）年には食育基本法が制定され、国や自治体をあげて「日本型食生活」の推進が図られています。子どもたちの健康づくりにとって重要な役割を果たしている学校給食の現場でも、栄養教諭・学校栄養職員を中心に学校給食を通じた食育指導に励んでいますが、学校給食の場で「和の食文化を守る活動」をすすめる人たちもいます。

こうした学校給食には和風化した卵料理も欠かせません。その種類はいまや、親子丼や卵チャーハンなどの主食から、卵焼きや炒り卵豆腐などの主菜・副菜、卵スープなどの汁物まで多彩になっています。

卵流通における品質保持技術の開発

欧米では、牛乳の低温殺菌乳と同じように、割卵した卵の液を68〜70℃で殺菌し、無菌に近い状態で充填し、4℃以下で保管したものが「殺菌液卵」として販売されています。熱処理によって凝集物ができないように均質化処理が行なわれるため、調理・加工機能が低下することは避けられませんが、衛生上安心して使うことのできる製品です。熱殺菌する際に数％の食塩か砂糖を添加すると、タンパク質が安定化した製品に仕上がります。日本でも、いつの日か殻付き卵とともに液卵がスーパーなどに並ぶ日が来るでしょう。

一方、調理した殻付き卵を低温殺菌して市販している例もあります。第1章で述べた卵かけごはんなどに使う殻付きの半熟卵がそれにあたります。この手法はシンガポールなどでも使用され、半熟卵が市販されています。

世界的規模での卵の輸出入は、生卵の場合は2～3℃の低温状態で保管すれば1ヵ月ほど品質を保つことができることから、海上輸送が主体となっています。航空便を使った輸送はコストがかさむことから、とくに鮮度にこだわる場合のみの対応です。日本では、殻付き卵の輸出が好調で、農林水産省の統計によると平成20（2008）年に1・2億円だった輸出額は、平成29年には10・2億円と10倍あまり伸びています。

最近では、スーパーチルド技術によりマイナス5～0℃で凍結を避けながら鮮度を保つ手法も開発されています。たとえば殻付き卵を海上輸送する際に、0℃で約2％の炭酸ガスのもとで保管すると3ヵ月間鮮度を保つことができます。

一方、割卵して得た卵黄の輸出入は、通常マイナス30℃の凍結貯蔵のもとで10％加塩した状態で行なわれます。食塩を添加することによって卵黄のゲル化が抑制され、解凍すればもとに近い状態にもどります。この加塩する手法をスーパーチルド（マイナス5℃）で行なう技術も開発されています。凍結状態を避けることにより、卵黄のリポタンパク質の構造変化が抑えられ、卵黄本来の乳化力が保持され、また風味の変化が抑えられるという長所があります（Yanagisawa *et al.*, 2009, 2010）。

このように世界で拡大する卵の流通にあたっては、安全性や経済性に加えて、品質を保持する技術も必要とされているのです。

今後伸びる卵の調理済み商品

近年、外食産業は頭打ち状態から低迷状態に入っていますが、それに代わって中食（弁当、惣菜）の需要が伸びてきています。こうした状況を反映して、二次加工品である卵焼きやオムレツ、茹で卵などが多く生産され、広く販売されています。

これらに加えて、今後家庭では卵を使った手の込んだ調理済み食品の需要が広がってくるでしょう。さらに、卵の栄養・健康機能を活かして、摂取しやすく工夫した食品―たとえば、介護食や栄養補助食、離乳食への卵の利用がさかんになってくるでしょう。とくに高齢者の栄養状態を改善していくことは、医療・介護の分野では重要な課題となっているのです。

今後もますます電子レンジに対応した商品が増えていくことが予想され、包丁やまな板に続いてガス台がなくなる日も、そう遠くはないかもしれません。こういう時にこそ、卵の存在価値は増してくると思われます。

海外に移る卵の調理・加工拠点

現在のところ、輸入する卵調製品に含まれる卵の重量は、殻付き卵の換算で、延べ6万3317トン程度ですが、日本における生産量の2・5％程度にすぎません。人件費や労働時間、使用する卵の価格、量などの問題を考えて、外食産業や食品産業、量販店などでは、調理場や工場を海外にシフトしてきています。今後は、ますます海外に調理・加工拠点を構える例が増加すると予想されます。

海外の卵を用いた調理加工品として代表的なものをあげると、スープ調製品やレトルトの煮卵のほか、味付き卵や調味茹で卵、目玉焼きなどの卵料理、さらには串団子や中華丼の具、茶碗蒸しの具などの卵を含んだ調理品があります。

一方、日本で開発した加工技術を使って、たとえばマヨネーズのように現地で生産を行ない、おもに現地で消費されているという例もあります。

発展する卵の加工・調理技術

卵の調理・加工技術も徐々に発展してきています。これまで茹で卵の殻を丁寧に取り除く作業は人手に頼り、手間をかけて行なっていましたが、最近では内外の機械メーカーが自動連続式殻剥き機を開発し、広く食品工場などで活用されるようになりました。

調理・加工の新技術としては真空低温調理法があり、今後の展開が期待されます。その大きな利点の一つは、熱伝導率がよくなることです。空気の層がない真空下の専用フイルムのなかでは分子同士が密着した状態になるため、熱の伝導率がとてもよくなります。このように伝導率を確保することが、調理のムラを防ぎ、安全で確実な加熱調理を可能にするうえで重要なポイントとなります。

茹で卵の真空低温調理法では、ねらいに応じた温度管理が可能となります。さらにもう一つの大きな利点としては、味の浸み込みが均一になるという点です。好みの調味料をいっしょに真空包装して加熱調理します。それを冷却して４℃未満で保存して48時間ほど保管しておけば、調味料が中心まで均一に浸み込んだおいしい煮卵に変わります。食品工場でも家庭でも使える簡易な卵調理加工装置の開発が望まれるところです（関本 ２０１３年）。

卵白を使った発酵食品の可能性

卵を使った調理・加工技術のなかで最近大きな注目を集めているのが、「発酵卵白」です。

Column

植物性タンパク質からつくられる「植物卵」

今後の食料資源の生産には、「人造(培養) 肉」や「植物卵」のように、農畜産物を細胞培養によってつくり出そうとする「細胞農業」の動きがあります。

まだ馴染みは薄いですが、脱脂大豆から抽出した大豆タンパク質を加工してソーセージやかまぼこがつくられています。

また、卵の代わりに大豆などを中心とした植物性タンパク質からつくられた「植物卵」を使って、マヨネーズやクッキー、スクランブルエッグなども開発されてきています。植物性タンパク質を原料にした植物卵は、環境負荷が少ないうえに安価で、とくにベジタリンや肥満者に好評です。開発地の米国では着々と普及してきています(大竹 2017年)。しかしながら、卵には模倣されないような面も多々あるのです。

一方、細胞農業に関する研究もさかんになってきました。非細胞性産物の生産に関する研究では、たとえば卵白タンパク質のオボアルブミンの遺伝子を酵母に導入し、そのタンパク質を生産する研究がすすめられています。

一方、細胞性産物の生産に関しては、まだ卵そのものを生産するところまですすんでいませんが、牛の肩肉から採取した筋細胞を培養してつくられた肉様の素材からハンバーガーがつくられたり、鶏の有精卵の筋芽細胞を培養して唐揚げがつくられたりしています。将来は現在の「植物工場」のような「動物工場」も登場してくるでしょう(大島 2017年)。

将来的には本来の自然な素材と競合することもあるでしょうが、「細胞農業」による生産物が日常食品として出回るまでにはまだまだたくさんの課題が残されています。多様化する食料事情の一つの方向性として、その行方に注目していきたいものです。

卵白にはリゾチームのような抗菌性のタンパク質が存在するため、発酵製品の製造には不向きとされてきました。しかし、最近になって日本で乳酸発酵卵白が開発されました。卵白リゾチームを熱殺菌によって失活させるか、またはリゾチーム耐性乳酸菌を使用することによって卵白の発酵が可能となったのです。

開発された発酵製品は、生卵白を熱殺菌して得られる茹で卵のような固いゲルとは異なり、滑らかな流動性のあるゲル状のものです。しかも卵白特有の硫化水素の臭みがなく、ヨーグルトのようなさわやかな発酵風味とすっきりとした酸味があります。

現在のところ、新たな加工・調理機能も明らかにされ、数多くのドレッシングや介護・健康食品、ドリンク、パン・製菓・肉製品などに材料として使われるほか、調理済み食品の風味を向上させたり、レトルト食品などの嫌なにおいを抑えたりするためにも広く使用されています。風味以外の特性としては、スポンジケーキやパンをしっとりさせたり、肉を柔らかくしたりする物性上の機能も活用できます(有馬ら 2015年)。

今後は卵白からチーズのような発酵製品の開発が簡便性の点からみても重要です。このような乳酸発酵製品に卵黄を混合すれば、また一風変わった風味と食感が得られます。乳製品や大豆製品のように日本人に合った微生物を使用した卵発酵製品の開発が、これからの食生活や健康維持にとっては重要なのです。最近では、卵白発酵調味料(卵醤油)も開発されています。食品素材の風味が引き立ち、とくに卵そのものとの相性がよいとされています(八田 2017年)。

新たな機能性食品開発へ大きな可能性

この乳酸発酵卵白は多様な健康機能が発見されています。まずは内臓脂肪が減ること。さらに血中コレステロールが減ることも証明されました。それとともに、骨格筋が増加することもわかってきました(図3-13)。

内臓脂肪が減る点に関しては、メタボと診断された40歳以上の男女37名の被験者(へそまわりの内臓脂肪面積100cm^2以上)に、タンパク質が1日当たり8gになるように調製した乳酸発酵卵白飲料、またはミルクのホエイ(乳清)含有飲料を8週間毎日摂取してもらい、内臓脂肪面積の変化を比較しました。

それをCTスキャンにより解析したものが図5-7です。乳酸発酵卵白群の内臓脂肪面積は有意に減少し、ミルクホエイ群に比較して減少量に有意な差が出ています(Matsuoka *et al.*, 2017)。

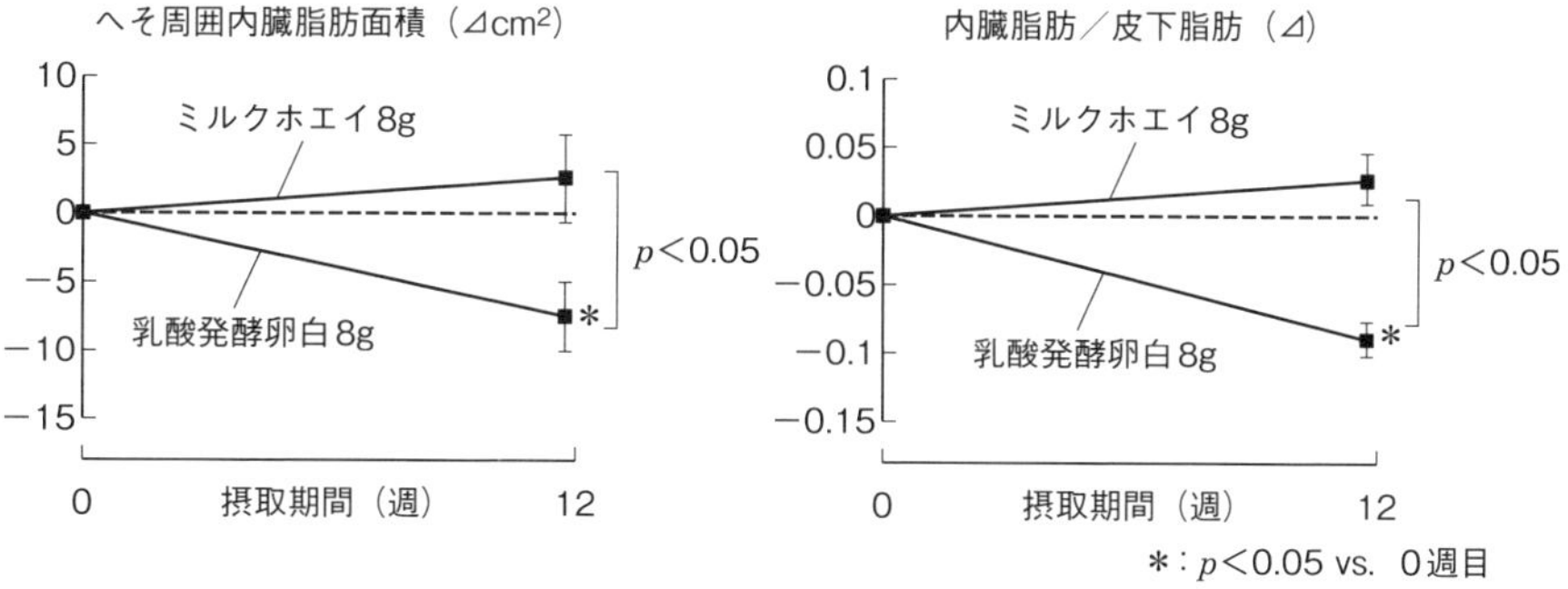

図5−7　乳酸発酵卵白の摂取による内臓脂肪の減少
CTスキャン画像：乳酸発酵卵白群の平均、8.9cm² 減少
（Matsuoka *et al*., 2017、宇都宮一典　第1回タマゴシンポジウム　2013年、田中明　第3回タマゴシンポジウム　2015年）

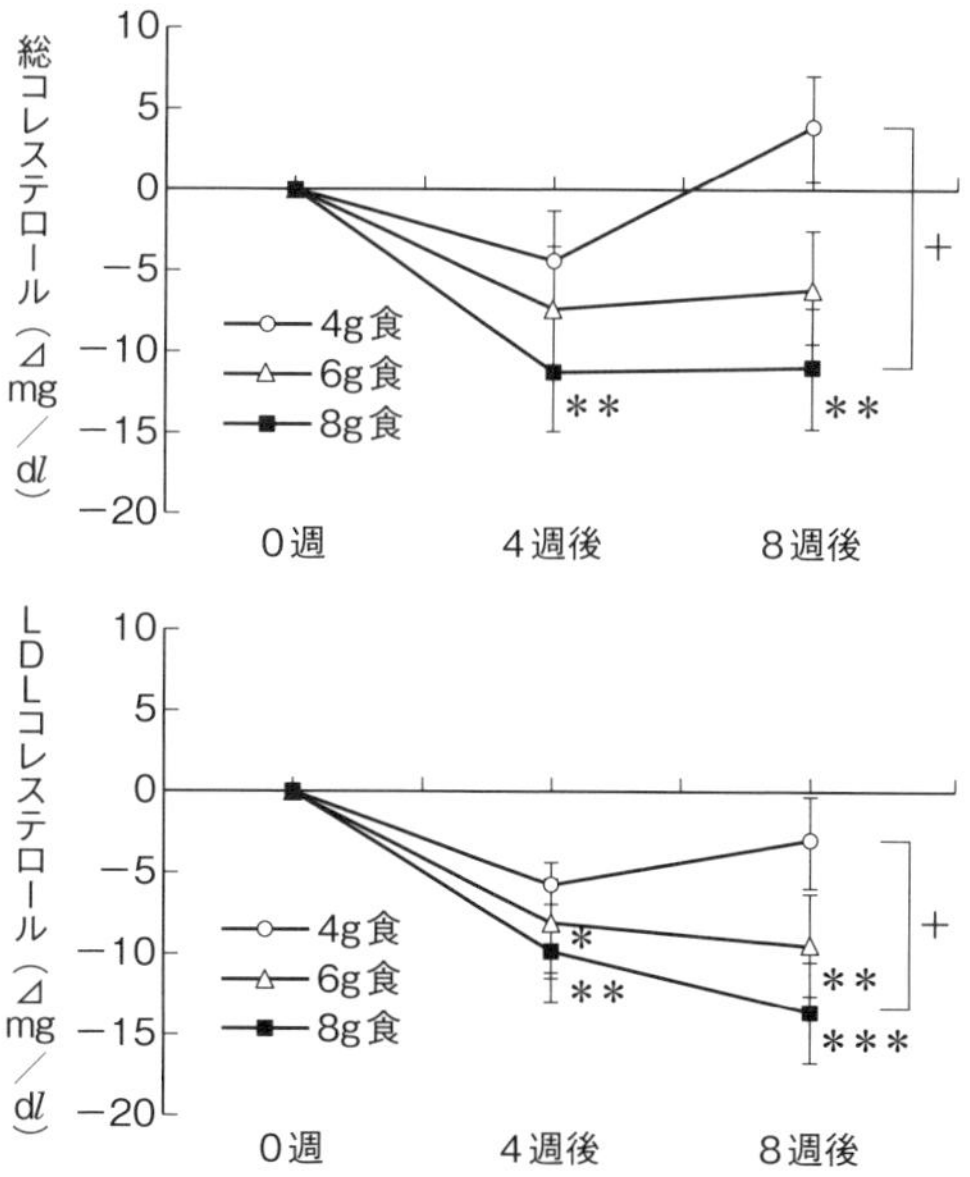

＊：p＜0.05、＊＊：p＜0.01、
＊＊＊：p＜0.001 vs. 0週 by Dunnett test
＋：p＜0.05 by Tukey test

図5−8　乳酸発酵卵白の摂取による血中コレステロール濃度の低下　（有馬ら2015年）

血中コレステロールについては、血中ＬＤＬコレステロール濃度が１４８mg／dl、総コレステロール濃度が２２９mg／dlの成人男性88名を3群に分け、乳酸発酵卵白を（卵白タンパク質として４g、６g、８g）をそれぞれ８週間毎日摂取してもらい、摂取後４週間、８週間にて血清総コレステロールとＬＤＬコレステロールを測定しました。すると、どの群の方々も有意に減少が認められました（図５−８、有馬ら２０１５

年、Matsuoka *et al.*, 2017)。

乳酸発酵卵白の主体成分は卵白タンパク質です。上記の作用効果も卵白タンパクが関与しているのでしょう。内臓脂肪を減らす作用効果が認められているラクトフェリンを含むホエイよりも効果があったことは、卵白タンパク質の特異性を示しているといってよいでしょう。

とはいえ、卵白タンパク質と乳酸発酵卵白タンパク質の健康機能の差異はまだ明確ではありません。乳酸発酵卵白では共存する乳酸菌の力も考慮に入れておかねばならないからです。それでも乳酸発酵卵白のメタボ抑制効果はすばらしいといえます。

現在、カナダでも独自に乳酸発酵卵白が製造されており、この製品を摂取することによって卵アレルギーが低減されることが発見されています。メタボ治療以外の乳酸発酵卵白を摂取することの効果を示してくれるよい知らせといえます。

卵の新たな可能性に向けて

今後、卵を使った調理・加工品では、いままで以上に個人の好みや身体状況に対応した製品であることや、機能表示食品にみられるように栄養・健康機能の表示ができる食品であることなどが求められるでしょう。

時代に対応して、卵白、卵黄ともに新たな健康機能が発見されてきています。それらに関与するタンパク質やペプチド、脂質成分などを特異的に混合した加工食品が開発される必要があります。たとえば血清コレステロール値の高い人には、脱コレステロール化した卵黄、食物アレルギーの患者には脱オボムコイド化した卵白、肥満者には脱脂肪化した卵黄、ダイエットを行なう人に対してはでんぷんやビタミンC、食物繊維などを含む、カロリーを調整した全卵加工品、高齢者にはタンパク質やレシチン、必須脂肪酸を強化した全卵を用いた加工食品などの製造も考えられます。

いずれにしても、食べやすい卵加工食品であることが望まれるとともに、クスリではないため、持続して毎日おいしく食べられるような加工が必要となります。そのためにも、新たなデザイナーエッグの開発、また素材の特性をよく理解し、上手に活用した食品加工技術の向上が大いに望まれるところです。

あとがき――卵が地球を、人類を救う

本書を読んでいただき、いかがでしたか。たかが卵、されど卵と感じていただけたでしょうか。卵のもつ生命力を食品素材として利用し、日本人はそのおかげもあって世界のトップクラスの長寿国となりました。今後とも卵のある食生活は、健康寿命の面でますます効果を発揮してくれることでしょう。そのためにも、卵のもつ機能をさらに活かすための工夫が必要となってくるでしょう。

執筆中に想いを新たにしたのは、「卵が地球を救う！」という考えです。今後は、環境にも鶏にもやさしい飼育条件に配慮しながら、そのもとで生産される卵の機能に対してさらに目配りをしていく必要があります。

今後も先進国のみならず開発途上国などでも畜産物の摂取が増えたり、世界の人口が増加を続けたりすれば、アフリカを中心に食料不足がいっそう深刻化する恐れがあります。そうしたなかで、栄養摂取や健康増進の点、あるいは畜産物の生産効率などの点からみても、将来的に日本のみならず、世界の動物性食品の中心は卵になってくるのではないかと予測します。

簡便でありながら栄養価や機能性にすぐれた調理・加工食品への志向がいっそう強まり、いつの日か卵は食品素材として脇役から主役に躍り出てくることでしょう。今後卵を使ってどのような調理・加工品やスイーツが生まれるのか、とても楽しみです。

また、世界的に、食料源としての卵の需要と供給のバランスをとることが重要となっています。とくに今後とも人口が急増するアフリカ諸国で、バランスがとれた卵の生産と消費の向上が不可欠です。

日本でも、庶民まで広がりをもった卵食文化の歴史はまだ日が浅く、江戸時代になって、日常的とは言いがたいものの、ようやく卵が庶民の手の届くところに登場しました。そして、いまでは一人平均毎日1個ほどは食べるようになり、卵の消費量が欧米をしのぐまでになっています。

この背景には、養鶏業や食品産業界の努力があります。技術の基本をとくに欧米から真剣に学び取り、

それをもとに日本特有のものを編み出すことで、欧米に追いつき、そして追い越してきたのです。野鶏を今日の「エッグ・マシン」にまで根気強く育種してきた人々の努力が、卵によって支えられる現在の日本人の健康的な食生活をもたらしてくれたのです。

一方で、その行く末には落とし穴があることも確かです。一つは、卵の自給率が94％もありながら、飼料や種鶏の自給率からみた真の自給率は6％程度しかないことです。その意味から、トウモロコシなどの飼料と種鶏のヒナを外国に頼っていることを是正することが急務です。

明治維新と戦後にみる食生活の欧化政策は、おもに肉と牛乳を摂取するようにという主張で、卵を食べろという声はほとんどありませんでした。ところが、日本人が畜産物の摂取量で欧米をしのいだのは、実は国による政策的な誘導がなかった卵であったという事実はとてもエキサイティングです。その要因としては、現在の日本の食生活に大きな影響を与えた学校給食制度によるところも少なくありません。学校給食のなかで卵がバランスよく利用されたことは意味のあることでした。

筆者は本来、食品科学者ですが、本書では食べものとしての卵を科学的に洞察しながら、専門領域を超えて卵を多面的にとらえ、この『まるごとわかるタマゴ読本』としてまとめました。

「卵を毎日食べる効果は何か」と問われたときに簡単に答えるならば、「それは発育促進と健康増進、美容保持、そして寿命延伸にある」というでしょう。さらに、これに付け加えて、「心の癒しと満足感、それに活力源としての効果」をあげておかねばなりません。つまり人生は毎日1～2個の卵を食べることによって豊かになるのです。

さて、本書の執筆に際し、あらゆる面でご協力、ご尽力いただきました一般社団法人農山漁村文化協会編集局の田中克樹さん（現在、農と風土の学び舎 代表）に感謝いたします。私のかたい拙文を読みやすくし、ストーリー性もつくりあげていただきました。よい編集者があって、はじめて心のこもった本ができるのだと感じました。

最後になりますが、卵黄コレステロールに関して多くの知見を寄せていただきました九州大学の菅野道廣名誉教授、並びにタマゴ科学研究会と一般財団法人旗影会に御礼申し上げます。また執筆に際して支えてくれた家族、とくに、文章の点検をしてくれた長女 雑賀美希子に感謝いたします。

２０１９年６月

渡邊　乾二

筆者が所属するタマゴ科学研究会 (http://japaneggscience.com) は、食の王様としての卵の魅力を世の中に伝えていく活動を地道に行なっています。この本を読んでいただき、タマゴについて学びたい方が一人でも多く参加されることを期待しております。

引用・参考文献

◉第1章

明坂英二『卵を割らなければオムレツはできない』青土社　1996年
秋里籬島編著『木曽路名所図会』(翻刻版) 名著出版　1972年
有田和臣『三島由紀夫と〈卵〉:戦後から経済成長へ』京都語文 (3)号　174頁　1998年
池波正太郎『おれの足音　大石内蔵助（上下）』文春文庫　1977年
池波正太郎『食卓のつぶやき』④　週刊朝日　1983年
池波正太郎『そうざい料理帖』平凡社　2003年
石川伸一『食卵の科学と機能――発展的利用とその課題』(渡邊乾二編著) アイ・ケイコーポレーション　2008年
石毛直道『日本の食文化史　旧石器時代から現代まで』岩波書店　2015年
上村行世『戦前学生の食生活事情』三省堂　1992年
江間三恵子「江戸時代における獣鳥肉類および卵類の食文化」日本食生活学会誌　23巻　247頁　2013年
大森洋平『考証要集』文春文庫　2013年
窪島誠一郎『粗餐礼讃　私の戦後食卓日記』芸術新聞社　2012年
暮らし上手編集部 (峯木眞知子分担)『暮らし上手の卵料理』枻出版社　2015年
小泉武夫『食に知恵あり』日本経済新聞社　1996年
小泉武夫『発酵食品礼賛』文藝春秋　1999年
小泉武夫『日本の味と世界の味』岩波書店　2002年
近藤紘一『サイゴンから来た妻と娘』文春文庫　1981年
佐々木道雄『朝鮮の食と文化　日本・中国との比較から見えてくるもの』木原印刷　1996年
指原信廣『鶏卵の安全性　サルモネラを中心にして』第3回タマゴシンポジウム講演要旨集　2015年
佐原真『食の考古学』東京大学出版会　1997年
サライ編集部「口福の玉子かけご飯」サライ　6月号　小学館　2015年
ヴァイオレット・シェーファー『卵の本』(中川晴子訳) クイックフオック　1979年
菅野道廣『タマゴとコレステロール　現状理解』第13回日本卵研究会講演発表集　2016年
周達生『世界の食文化2　中国』農文協　2003年
鈴木昶『古川柳くすり箱』青蛙房　1994年
田村豊「食卵によるサルモネラ食中毒の現状と対策」日本食品科学工学会誌　60巻　375頁　2013年
タマゴ科学研究会『タマゴとコレステロール』養鶏の友　9月号　40頁　2016年
永山久夫『絵でみる江戸の食ごよみ』広済堂出版　2014年
人見必大『本朝食鑑』1 (島田勇雄訳注) 平凡社　1976年
パトリック・ファース『古代ローマの食卓』(目羅公和訳) 東洋書林　2007年
はらぺこグリズリー『世界一美味しい煮卵の作り方』光文

社　2017年
ハーロルド・マギー『マギーキッチンサイエンス　食材から食卓まで』（香西みどりほか訳）共立出版　2008年
三島由紀夫「卵」群像増刊号　1953年
宮崎昭「ようけい歴史探訪　第12回」養鶏の友　12月号　2016年
森誠『なぜ鶏は毎日卵を産むのか　鳥と人間のうんちく文化学』こぶし書房　2015年
吉村昭『漂流』新潮文庫　1980年
李時珍『国訳本草綱目第十一冊』（鈴木真海ほか訳）春陽堂書店　1976年
渡邊乾二編著『食卵の科学と機能——発展的利用とその課題』アイ・ケイコーポレーション　2008年

◉第2章

明坂英二『かすてら加寿底良』講談社　1991年
秋篠宮文仁『鶏と人』小学館　2000年
浅見和彦・伊東玉美編『新注古事談』笠間書院　2010年
稲生哲「身近な畜産技術」畜産技術　第11号（公社）畜産技術協会　2005年
入谷哲夫『名古屋コーチン作出物語』ブックショップマイタウン　2000年
江後迪子「江戸期の卵・砂糖の流通と消費」別府大短期大紀要　第14号　17頁　1995年
加茂儀一『日本畜産史　食肉・乳酪編』法政大学出版局　1976年
加門七海『霊能動物館』集英社　2014年
木野勝敏「名古屋コーチンの歴史」鶏卵肉情報　2月号　30頁　2016年
後藤達彦『おもしろい！　日本の畜産はいま』ミネルヴァ書房　2015年
ゴロヴニン『日本幽囚記　下』（井上満訳）岩波書店　1943年
斎藤誠治「江戸時代の都市人口」地域開発　9月号　1984年
酒井仙吉『牛乳とタマゴの科学』講談社　2013年
坂本太郎ら『日本書紀下』（日本古典文学大系68）岩波書店　1965年
桜井徳太郎『民間信仰辞典』東京堂出版　1980年
染矢清亜『鶏卵物語』ミート・ジャーナル社　1999年
東海林さだお『ゆで卵の丸かじり』朝日新聞出版　2011年
多田一臣（校注）『日本霊異記　中』筑摩書房　1997年
田名部尚子「鶏卵　食生活における利用の歴史と食品機能の視点から」日本食生活学会誌　14巻　84頁　2003年
田名部尚子「鶏（採卵鶏）」地域食材大百科　第11巻　農文協　2013年
タマリエ検定委員会『卵のソムリエハンドブック』（渡邊乾二・山上善久監修）日本卵業協会　2014年
チャールズ・ダーウィン著『家畜・栽培植物の変異（上下）』（永野為武・篠遠嘉人訳）白揚社　1938年・1939年
築田多吉『家庭における実際的看護の秘訣』研数広文館

1925年
H. デンベック著『家畜の来た道』（小西正泰・渡辺清訳）築地書館　1979年
ダイアン・トゥーブス著『卵の歴史』（村上彩訳）原書房　2014年
中川五郎左衛門編『江戸買物独案内』渡辺書店　1972年
農林水産省『日本の伝統的食文化としての和食』2018年
橋本直樹『食卓の日本史』勉誠出版　2015年
畑中三応子『ファッションフード、あります』紀伊国屋書店　2013年
畑中三応子『カリスマフード　肉・乳・米と日本人』春秋社　2017年
原田信男『江戸の食生活』岩波書店　2003年
人見必大『本朝食鑑　2』（島田勇雄訳注）平凡社　1977年
藤澤茂弘『歴史小説　中部を翔ける(1)』中日出版社　1999年
松井章編『野生から家畜へ』ドメス出版　2015年
美濃口直和ら「名古屋コーチン卵の特徴」日本食品科学工学会誌　64巻　108頁　2017年
宮崎昭「ようけい歴史探訪　第1～12回」養鶏の友　1～12月号　2016年
柳田國男『定本　柳田國男集　第27巻』「白い鶏」筑波書房　1964年
吉井始子『翻刻　江戸時代料理本集成　第6巻』臨川書店　1980年
山口健児『鶏』法政大学出版会　1983年
アンドリュー・ロウラー著『ニワトリ　人類を変えた大いなる鳥』（熊井ひろ美訳）インターシフト　2016年
F. Akishinonomiya *et al.*, Monophyletic origin and unique dispersal patterns of domestic fowls., PNAS 93, 6792 (1996)

◉第3章

大日向耕作「卵タンパク質由来ペプチドの精神的ストレス緩和作用」日本食品科学工学会誌　58巻　346頁　2011年
小田裕昭ら「卵白による血中コレステロール濃度抑制作用のメカニズム」鶏卵肉情報　7月25/10日号　74頁　2001年
小黒辰夫ら「腫瘍血管新生におけるオボムチンの抑制効果に関する超微形態学的ならびに免疫組織学的研究」日本臨床電子顕微鏡学会誌　33巻　89頁　2001年
香川靖雄『時間栄養学』女子栄養大学出版部　2009年
加藤久典『卵殻膜の有用性』国際たまごシンポジウム in 京都 講演要旨集　2018年
キユーピー(株)『たまご白書　2017』2017年
厚生労働省『日本人の食事摂取基準（2010・2015年版）』厚生労働省健康局
古賀良彦『いきいき脳のつくり方』技術評論社　2010年
佐々木敏『佐々木敏のデータ栄養学のすすめ』女子栄養大学出版部　2018年
坂下真耶「卵白ペプチド　ランペップ™の新なる挑戦～血

流改善・サルコペニア〜」 FOOD Style21 18巻 85頁 2014年
真田順子ら「アルツハイマー型痴呆に対する卵黄ホスファチジルコリンとビタミンB_{12}併用の臨床的有用性について」 Geriat. Med. 35巻 363頁 1997年
菅野道廣ら監修『タマゴとコレステロール 科学的根拠に基づいた知見』タマゴ科学研究会 2015年
菅野道廣『タマゴとコレステロール 現状理解』第13回日本卵研究会講演発表集 2016年
菅野道廣監修『タマゴの魅力 タマゴ博士とタマゴの秘密を解き明かそう!』(改訂版) タマゴ科学研究会 2017年
杉山喜一『マラソントレーニングにおける卵白ペプチド摂取による抗疲労効果』タマゴシンポジウム講演要旨集 2017年
多賀淳『近の鶏卵(近大発卵)の開発』第14回日本卵研究会講演発表集 2017年
高波嘉一「卵白たんぱく質の摂取が高齢者の骨格筋機能および筋量に及ぼす影響について」旗影会 平成25年研究報告概要集 2014年
高波嘉一「卵白たんぱく質摂取と運動の併用が中高年男性の骨格筋機能・代謝に及ぼす影響について」旗影会 平成28年度研究報告概要集 2017年
田中明『メタボリックシンドロームの食事療法への卵白たんぱく質の活用』第3回タマゴシンポジウム講演要旨集 2015年
田中敏治「卵の健康面での名誉回復につながる昨今の研究成果」アグリバイオ 2017年8月臨時増刊号
タマゴ科学研究会「タマゴとコレステロール」養鶏の友 1月号 50頁・7月号 48頁・8月号 36頁・9月号 40頁 2016年
長岡利『食品タンパク質由来ペプチドの生活習慣病予防改善作用に関する研究の新展開』化学と生物 54巻 804頁 2016年
日本動脈硬化学会『コレステロール摂取量に関する声明』2015年
長谷川峯夫「卵の新しい加工」中村良編『卵の科学』朝倉書店 1998年
八田一「卵の栄養と健康機能(2)」鶏の研究 80巻 62頁 2005年
原田清佑ら「葉酸摂取の意義と葉酸卵の機能性」FOOD Style21 18巻 88頁 2014年
福渡努「ビタミン供給源としての卵」日本食品科学工学会誌 65巻 325頁 2018年
藤澤茂弘『歴史小説 中部を翔ける(1)』中日出版社 1999年
増田泰伸「アルツハイマー型認知症に対する卵黄リン脂質とビタミンB_{12}併用による改善度」FOOD Style21 10巻 49頁 2006年
村松芳多子ら「日本人のコレステロールおよび脂肪酸推定摂取量」千葉県立衛生短大紀要23巻 1頁 2004年
矢澤一郎『タマゴを食べてもっと元気になる!講座』現代書林 2004年
矢島高二「コレステロール:嫌われ役だが、無くてはならない存在」F.F.I.journal of Japan №172 77頁 1997年

山越貴水「細胞老化と慢性炎症」日本老年医学会雑誌　53巻　88頁　２０１６年
山本茂「卵殻カルシウムは高齢女性の骨密度低下予防に関して炭酸カルシウムよりはるかに効果的であった」第５回タマゴシンポジウム講演要旨集　２０１７年
山田晃一「卵摂取でコレステロール値が上がる体質とは?·『佐久コホート』における遺伝疫学解析」旗影会　平成25年度研究報告概要集　２０１４年
渡邊乾二編著『食卵の科学と機能　発展的利用とその課題』アイ・ケイコーポレーション　２０１６年
EI.S.M. Abdel-Aal *et al.*, Lutein and zeaxanthin carotenoids in eggs. Chapter 19 in Egg innovations and strategies for improvements, Academic Press 199 (2017)
A.M. Asato *et al.*, Effect of egg white on serum cholesterol concentration in young women, J. Nutr. Sci. Vitaminol, 42, 87 (1996)
MN. Ballesteros *et al.*, One egg per day improves inflammation when compared to an oatmeal-based breakfast without increasing other cardiometabolic risk factors in diabetic patients』 Nutrients 7, 3449 (2015)
DM. DiMarco *et al.*, Intake of up to 3 eggs per day is associated with changes in HDL function and increased plasma antioxidants in healthy, young adults, J. Nutrition 147, 323 (2017)
E.F. Goodrow *et al.*, Consumption of one egg per day increases serum lutein and zeaxanthin concentrations in older adults without altering serum lipid and lipoprotein cholesterol concentrations, J. Nutr. 136, 2519 (2006)
Y. Homma *et al.*, Apolipoprotein-E phenotype and basal activity of low-density lipoprotein receptor are independent of changes in plasma lipoprotein subfraction after cholesterol ingestion in Japanese subjects, Nutrition 17, 310 (2001)
F.B. Hu *et al.*, A prospective study of egg consumption and risk of cardiovascular disease in men and women, J. Am. Med. Assoc., 281, 1387 (1999)
E.J. Johnson, Role of lutein and zeaxanthin in visual and cognitive function throughout the lifespan, Nutr. Rev., 72, 605 (2014)
Y. Kato *et al.*, Chromic effect of light resistance exercise after ingestion of a high-protein snack on increase of skeletal muscle mass and strength in young adults, J. Nutr. Sci. Vitaminol., 57, 233 (2011)
F. Kern, Normal plasma cholesterol in an 88-year-old man who eats 25 eggs a day-mechanisms of adaptation, N. Engl. J. Med., 324, 896 (1991)
Y. Kishimoto *et al.*, The effect of the consumption of egg on serum lipids and antioxidant status in healthy subjects, J. Nutr. Sci., 62, 341 (2016)
Y. Kishimoto *et al.*, Additional consumption of one egg per day increases serum lutein plus zeaxanthin concentration and lowers oxidized low-density lipoprotein in moderately hypercholesterolemic males, Food Res. Int., 99, 944 (2017)
K. Kurotani *et al.*, Cholesterol and egg intakes and the risk of type 2 diabetes: the Japan Public Health Center-

based prospective study. Br. J. Nutr. 112, 1636 (2014)
D.K. Laymen *et al.*, Egg protein as a source of power, strength, and energy, Nutrition Today 44, 43 (2009)
C.S. Lieber *et al.*, Phosphatidylcholine protects against fibrosis and cirrohosis in the baboon, Gastroenterology 106, 152 (1994)
Y. Masuda *et al.*, Egg phosphatidylcholine combined with vitamin B_{12} improved memory impairment following lesioning of nucleus basalis in rats, Life Sci., 62, 813(1998)
Y. Nakamura *et al.*, Egg consumption, serum total cholesterol and coronary disease incidence: Japan Public Health Center-based prospective study. Br. J. Nutr., 96, 921 (2006)
Y. Rong *et al.*, Egg consumption and risk of coronary heart disease and stroke: dose-response metal-analysis of prospective cohort studies. BMJ., 346, e8539 (2013)
C. Taguchi *et al.*, Regular egg consumption at breakfast by Japanese women university students improves daily nutrient intakes : open-labeled observations, Asia Pacific J. Clinic. Nutr. 27, 359 (2017)
JS. V. Wal *et al.*, Egg breakfast enhances weight loss, Intern. J. Obesity 32, 1545 (2008)
K. Watanabe *et al.*, Antitumor effects of pronase-treated fragments, glycopeptides, from ovomucin in hen egg white in a double grafted tumor system, J. Agric. Food Chem., 46, 3033 (1998)
RM. Weggemans *et al.*, Dietary cholesterol from eggs increases the ratio of total cholesterol to high-density lipoprotein cholesterol in humans: a meta-analysis. Am. J. Clin. Nutr., 73, 885 (2001)
MP. Ylilauri *et al.*, Association of dietary cholesterol and egg in takes with the risk of incident dementica or Alzheimer disease. The Kupo Iischremic Heart Disease Risk Factor Study. Am. J. Clin. Nutr., 105, 476 (2017)

◉ 第4章

青木直己『和菓子の歴史』ちくま学芸文庫　２０１７年
宇江佐真理『卵のふわふわ』講談社　２００７年
上村行世『戦前学生の食生活事情』三省堂　１９９２年
奥村彪生『万宝料理秘密箱　アイデアいっぱい』ニュートンプレス　２００３年
小川宣子「卵の『おいしさ』を発揮するには　③調理加工特性について」鶏の研究　67巻　41頁　２０１２年
門脇宏『おとなの週末』No.１８９　講談社ビーシー　２０１８年
喜田川守貞『守貞漫稿　後集巻之一・食類　酢』１８５３年
喜田川守貞・宇佐美英機『近世風俗志（守貞謾稿）第５巻』岩波文庫　２００２年
器土堂主人原著『万宝料理秘密箱』（原本現代訳　奥村彪生）教育社　１９８９年
キユーピー㈱『たまご白書　２０１７』２０１７年
キユーピー㈱『マヨネーズの本』２００６年
熊倉功夫『日本料理の歴史』吉川弘文館　２００７年

桑原徹平「卵黄色と色素製剤の特徴」養鶏の友　1月号　30頁　2016年
暮らし上手編集部（酒井彩子分担）『暮らし上手の卵料理』枻出版社　2015年
河野博繁「電子レンジ対応のマヨネーズタイプ調理用ソースの開発」食品工業　5号　46頁　1999年
顧沖著『養小録』（中山時子訳）柴田書店　1975年
小泉昌子「鶏の週齢の違いが卵の調理特性に与える影響―白色レグホーン種鶏」国際卵シンポジウム in 京都　講演要旨集　2018年
小林英明ら　オレオサイエンス　5巻　473頁　2008年
小林幸芳『マヨネーズ・ドレッシング入門』日本食糧新聞社　2005年
佐藤泰ら『卵の調理と健康の科学』弘学社　1989年
篠田統『中国食物史』柴田書店　1974年
食彩浪漫編集部「マヨラーに捧ぐマヨネーズ読本」食彩浪漫　6月号　日本放送出版協会　2008年
舘和彦ら「中華麺の物性、構造に及ぼす乾熱卵白添加の影響」日本食品科学工学会誌　51巻　456頁　2004年
田中静一『一衣帯水　中国料理伝来史』柴田書店　1987年
田名部尚子「鶏卵　食生活における利用の歴史と食品機能の視点から」日本食生活学会誌　14巻　84頁　2003年
殿村育生『南蛮貿易とカステラ』ゼネラルアサヒ　2016年
中村喬『明代の料理と食品　宋氏養生部の研究』中国藝文研究會　2004年
中山圭子『事典　和菓子の世界』岩波書店　2006年
猫井登『お菓子の由来物語』幻冬舎ルネッサンス　2008年
はらぺこグリズリー『世界一美味しい煮卵の作り方』光文社　2017年
松下幸子『江戸料理読本』柴田書店　1982年
松下幸子『古典料理の研究（八）：寛永十三年料理物語について』千葉大学教育学部研究紀要第2部　31巻　181頁　1982年
丸太勲『江戸の卵は1個400円!』光文社新書　2011年
三谷一馬『江戸庶民風俗図説』三木書房　1980年
三谷一馬『定本江戸商売図絵』立風書房　1986年
村井弦斎『食道楽』（上下）岩波文庫　2005年
峯木眞知子「鶏卵の知識とおいしさ」日本家政学会誌　68巻　297頁　2017年
エ・サ・プ・リコティ『古代ローマ饗宴』（武谷なおみ訳）講談社学術文庫　2011年
渡辺正記『エスプーマベースによる〝泡料理〟の創造』フードケミカル　11巻　78頁　2010年
H. Kobayashi *et al.*, Egg white hydrolysate inhibits oxidation in mayonnaise and a model system, B. B. B., 81, 1206 (2015)

◉第5章

有馬和人ら「卵白を乳酸発酵した新素材（ラクティーエッグ）が拡げる世界」日本食品工業学会誌　16巻　79頁　2015年

石川伸一「デザイナーエッグの最新開発動向」畜産の情報（国内編）8月号　12頁　2005年

石川伸一「夢の卵〝デザイナーエッグ〟を目指して」化学　70巻　12頁　2015年

海老澤元宏「食物アレルギーの経口免疫（減感作）療法」ラジオNIKKEI（2013年4月10日放送）

大石勲「鶏品種改良で低アレルゲン性卵生産へ道筋～『ゲノム編集』を鶏品種改良に初適用～」養鶏の友　8月号　30頁　2016年

大嶋絵理奈「肉を自在にデザインできる次世代の『純肉』と『細胞農業』が描く人類の未来」Shojinmeat Project福本景太のインタビュー　(https://bake-openlab.com/2451)　2017年

大竹剛「『植物卵』マヨネーズで地球を救う?」日経ビジネス電子版　2017年5月29日付

大槻公一「中国において人で発生を続けている鳥インフルエンザ（H7N9）」鶏の研究　92巻　16頁　2017年

奥村純市「特殊卵の開発の現状と問題点」日本家禽学会誌　39巻　J63頁　2002年

樺島重徳「卵アレルギーの発症予防　見えてきた道筋」日本食品科学工学会誌　65巻　320頁　2018年

喜田宏「鳥インフルエンザの正体とその克服法」日本食品科学工学会誌　60巻　371頁　2013年

黒岩比佐子『食育のススメ』文藝春秋　2007年

児玉義勝「鶏卵卵黄抗体（IgY）と感染症予防」F.F.I. Journal of Japan №211　939頁　2006年

後藤美津夫「新たな飼料原料と最近の採卵鶏の能力・特徴について③」鶏の研究　85巻　14頁　2010年

関本邦敏「茹で卵・温泉卵」地域食材大百科第11巻　農文協　2013年

菅野道廣ら監修『タマゴとコレステロール　科学的根拠に基づいた知見』タマゴ科学研究会　2015年

白澤卓二『Dr.白澤の驚異の若返りタマゴ』青萠堂　2017年

総務省統計局『世界の統計2016』2016年

杣本智軌『卵黄抗体で錦鯉の穴あき病予防』第14回日本卵研究会　2017年

J.S.シム『ω－6／ω－3脂肪酸比率を改善したコロンブス・コンセプト・デザイナーエッグと乳児用食品産業への応用』F.F.I. Journal of Japan　№211　930頁　2006年

田﨑智子「卵直販店に関する現状と課題」養鶏の友　1月号　33頁　2016年

田中智夫「採卵鶏におけるアニマルウェルフェアを巡る最近の動き」鶏の研究　92巻　42頁　2017年

中村良『卵の科学』朝倉書店　1998年

成田宏史「経口摂取したタンパク質の腸管吸収の機構と生物学的合目的性－母乳中の食品タンパク質・IgA免疫複合体の意義」化学と生物　45巻　230頁　2007年

日本調理科学会企画・編集『伝え継ぐ日本の家庭料理

肉・豆腐・麩のおかず』農文協　２０１８年
橋本直樹『食卓の日本史』勉誠出版　２０１５年
八田一「鶏卵抗体（IgY）の調製方法とその生産性」鶏の研究　90巻　16頁　２０１５年
八田一「遺伝子組み換え鶏と卵バイオテクノロジー」鶏の研究　92巻　36頁　２０１７年
早川岳彦「卵黄色素と機能性を兼ね備えたカンタキサンチン」養鶏の友　３月号　19頁　２０１６年
原田清佑ら『葉酸摂取の意義と葉酸卵の機能性』FOOD Style21　18巻　88頁　２０１４年
藤本佳万「鳥インフルエンザ万能ワクチン開発を目指したペプチド免疫法の確立」旗影会　平成27年度研究報告概要集　２０１６年
三田敬則「真空低温調理法による〝絶品茹で卵〟」地域食材大百科　第11巻　農文協　２０１３年
村田良樹「急速に進むアニマルウエルフェアへの動き①〜EUでは、アメリカでは、日本では〜」鶏の研究　92巻　42頁　２０１７年
山田啓二・京都府政研究会編著「危機来襲―鳥インフルエンザ・48日間の攻防―」京都新聞出版センター　２００５年
山本洋一「卵用地鶏という新しいジャンルへの挑戦」畜産の情報　12月号　２頁　２０１６年
養鶏の友編集部「純・国産鶏の将来展望」養鶏の友　１月号　14頁　２０１６年
H．W．ヴィントフォルスト「世界鶏卵産業におけるアジアの役割と展望⑵」（杉山道雄ら訳）畜産の研究　62巻　９５１頁　２００８年
H．W．ヴィントフォルストら著『食肉・鶏卵生産のグローバル化　２０２１年までの展望』（杉山道雄・大島俊三編訳）筑波書房　２０１４年
渡邊乾二「卵白と乳酸発酵」第１回　卵シンポジウム講演要旨集　２０１３年
YC. Dai *et al.*, Evaluation of anti-norovirus IgY from egg yolk of chickens immunized with norovirus P particles, J. Virological Methods, 186, 126 (2012)
V. Guyonnet, The importance of eggs—a view from Latin Amerika, Africa and Asia　国際卵シンポジウム in 京都　２０１８
M. Hammershoj *et al.*, Deposition of carotenoids in egg yolk by short-term supplement of coloured carrot (*Daucus carota*) varieties as forage material for egg-laying hens, J. Sci. Food Agric., 90, 1163 (2010)
M. Hirose *et al.*, Anti-obesity activity of hen egg anti-lipase immunoglobulin yolk, a novel pancreatic lipase inhibitor., Nutr. & Metabo. 10, 70 (2013)
K. Horimukai *et al.*, Application of moisturizer to neonates prevents development of atopic dermatitis, J. Allergy Clin. Immunol., 134, 824 (2014)
S. Li *et al.*, Effect of egg white fermentation with lactobacilli on IgE binding ability of egg white proteins, Food Res. Intern., 52, 359 (2013)
R. Matsuoka *et al.*, Lactic-fermented egg white improves visceral fat obesity in Japanese subjects-double-blind, placebo-controlled study, Lipids in Health & Disease 16, 237 (2017)

O. Natsume *et al.*, Two-step egg introduction for prevention of egg allergy in high-risk infants with eczema (PETIT) : a randomized, double-blind, placebo-controlled trial, Lancet 389, 276 (2016)

T. Oishi *et al.*, Targeted mutagenesis in chicken using CRISPR/Cas 9 system, Scientific Reports, Published online 06 April 2016

I. Oishi *et al.*, Efficient production of human interferon beta in the white of eggs from ovalbumin gene-targeted hens, Scientific reports 8, 10203 (2018)

J. Poore *et al.*, Reducing food's environmental impacts through producers and consumers, Science 360, 987 (2018)

S. Suzuki *et al.*, Growth-promoting effects of hydrolyzed hen egg white on *Lactobacillus* and *Bifidobacterium* sp., Jap. J. Lactic Acid Bacteria 15, 4 (2004)

T. Yanagisawa *et al.*, Super chilling enhances preservation of the freshness of salted egg yolk during long-term storage, J. Food Sci. 74, E62 (2009)

T. Yanagisawa *et al.*, Combination of super chilling and high carbon dioxide concentration techniques most effectively to preserve freshness of shell eggs during long-term storage, J. Food Sci., 75, E78 (2010)

ら行

わ行

ま行

や行

な行

は行

さ行

た行

か行

索　引

数字&アルファベット

あ行

● 著者略歴 ●

渡邊　乾二（わたなべ　けんじ）

1937年、京都市生まれ。東北大学大学院農学研究科博士課程中退。

名古屋大学農学部助手、助教授、岐阜大学農学部教授、東京農業大学農学部教授を歴任。岐阜大学名誉教授。農学博士。タマゴ科学研究会理事。

著書に『食卵の科学と機能――発展的利用とその課題』（編著、アイケイコーポレーション）、『現代の食品化学』（共編、三共出版）ほか。

平成13年度日本食品科学工学会賞など受賞。

まるごとわかる　タマゴ読本

2019年 8月30日　第 1 刷発行

著 者　渡邊　乾二

発 行 所　一般社団法人　農山漁村文化協会
〒107-8668　東京都港区赤坂 7 丁目 6 - 1
電話　03(3585)1142 (営業)　03(3585)1145 (編集)
FAX　03(3585)3668　振替　00120 - 3 - 144478
URL　http://www.ruralnet.or.jp/

ISBN978-4-540-18158-0　DTP製作／㈱農文協プロダクション
〈検印廃止〉　印刷／㈱光陽メディア

製本／根本製本㈱
Printed in Japan　定価はカバーに表示
乱丁・落丁本はお取り替えいたします。